# 楸树有性生殖与发育

樊莉丽　彭方仁　主编

河南科学技术出版社

·郑州·

图书在版编目(CIP)数据

楸树有性生殖与发育/樊莉丽,彭方仁主编.—郑州:河南科学技术出版社,2018.3
ISBN 978-7-5349-8608-6

Ⅰ.①楸…　Ⅱ.①樊…　②彭…　Ⅲ.①楸树-有性繁殖　Ⅳ.①S792.99

中国版本图书馆 CIP 数据核字(2018)第 012351 号

出版发行:河南科学技术出版社
地址:郑州市经五路 66 号　　邮编:450002
电话:(0371) 65737028　65788613
网址:www. hnstp. cn
策划编辑:陈淑芹
责任编辑:张　鹏
责任校对:金兰苹
封面设计:张　伟
版式设计:栾亚平
责任印制:张　巍
印　　刷:河南新华印刷集团有限公司
经　　销:全国新华书店
幅面尺寸:185 mm×260 mm　　印张:6.75　　字数:164 千字
版　　次:2018 年 3 月第 1 版　　2018 年 3 月第 1 次印刷
定　　价:98.00 元

# 《楸树有性生殖与发育》编写人员名单


| | | | | |
|---|---|---|---|---|
| **主　　编** | 樊莉丽 | 彭方仁 | | |
| **副 主 编** | 樊　巍 | 赵　辉 | | |
| **编写人员** | 梁有旺 | 谭鹏鹏 | 郝明灼 | 王改萍 |
| | 吴莺莺 | 周　琦 | 樊伟娜 | 吕鹏浩 |
| | 田　丽 | 孙　曼 | 苗作云 | 李剑侠 |

# 前言

生殖是植物生长发育到一定阶段，通过产生新的个体延续种族的最基本行为和过程，是植物种群形成、发展和演化的核心，也是生物群落和生态系统演替的基础。植物的有性生殖是指由亲代产生生殖细胞，通过两性生殖细胞的结合，成为受精卵，进而发育成新个体的生殖方式。植物的有性生殖包括性细胞的发育、传粉、受精以及胚胎发育等过程。本书以我国特有的珍贵优质用材树种和著名园林观赏树种——楸树为研究对象，从整体的、发育的角度，深入探讨了楸树有性生殖全过程，并从生殖生态学角度重点论述了楸树繁育系统特征，以及其自交不亲和的细胞生物学表现。全书以翔实、精美的显微、亚显微结构照片，向读者展示了楸树有性生殖的全貌，带领读者进入楸树种族繁衍的微观世界。

楸树（*Catalpa bungei* C. A. Meyer）在我国已有几千年的栽培历史，其分布广、适应性强、利用价值高，集材用、药用、观赏、环保等众多优点于一身，自古享有“木王”美誉。目前，国家正加大珍贵用材树种的开发力度，楸树作为历史悠久的珍贵、优质用材树种，具有极大的发展空间。自20世纪70—80年代起，楸树的良种繁育、速生丰产等问题就被国家林业部门列入重点攻关项目和重点课题。先后有中国林业科学院林业所、河南省林业科学院、洛阳林业科研所、山东省林业科学院、安徽省林业科学院、南京林业大学、西北农林大学、山东农业大学、河北农业大学等参与各项研究，形成了良好的科研氛围。其中河南、江苏两省以其独特的资源优势和技术优势，成为全国楸树的科研核心。然而，早期的众多研究更偏重于优良无性系选育、快繁技术体系建立等生产应用型研究，仅有南京林业大学楸树科研团队在叶培忠先生的带领下，开展了楸树胚胎学的基础理论研究和杂交育种工作。由于多方面原因，相关研究工作未能持续开展，一些科学问题和猜想，也未能得到进一步论证。所以，本书针对这些问题，历经多年，深入开展了理论性探索，通过对其有性生殖过程进行胚胎学研究，对繁育系统特征进行调查研究，从生殖生物学和生态学角度对相关问题做了系统解答，以期在理论与实践两方面解决楸树有性繁殖困难的问题，填补此方面的科研空白。

全书以楸树有性生殖发生过程的主要事件为主线，系统地对其物候特征及花芽分化，大小孢子发生与雌雄配子发育，繁育系统特征，传粉受精过程，杂交种胚胚乳的发育及种子特性等做了深入探讨。笔者利用生物显微技术，对楸树性器官的发生、发育及其有性生殖过程，进行了系统研究与详尽阐述。一方面向读者展示了楸树混合芽的分化、性器官的发生、传粉、双受精合子的发育等有性生殖过程的显微及亚显微结构；另一方面从生殖生态学角度出发，重点论述了楸树繁育系统特征以及其自交不亲和的细胞生物学表现。该论著针对楸树“花而不实”的现象，从个体、群体和环境三个方面，探讨了其原因，首次提出了花粉受限对该地区楸树种群繁衍的影响；针对楸树杂交育种的方向性问题，从理论上证实了楸树种内杂交的亲和性优于种间杂交。值得一提的是，书中对楸树自交不亲和类型的界定，在120属650种现已查明的紫葳科植物中尚属首例。此外，提出了楸树大、小孢子形态系统演化路线两极化、二裂触敏柱头的自交进化等观点，也都具有重要的学术价值，是对国内外相关领域研究的良好补充。

全书共分为七个章节，其中第一章、第四章、第五章、第七章由樊莉丽、彭方仁、赵辉编写；第二章由梁有旺、谭鹏鹏编写；第三章由樊巍、苗作云、李剑侠、周琦编写；第六章由郝明灼、王改萍、吴莺莺、田丽编写；樊伟娜、吕鹏浩、孙曼负责全部章节及参考文献的校对、编排等工作。全书由樊莉丽、彭方仁负责统稿、定稿。由于水平有限，书中可能有错漏之处，敬请广大读者批评指正。

编者

2015年6月

# 目 录

# 第1章 绪论

## 1.1 植物生殖生物学研究进展

生殖是生物繁衍后代、延续种族最基本的行为和过程，它不仅是种群形成、发展和进化的核心问题之一，也是生物群落和生态系统演替的基础。植物的生命活动周期包括相互依存的两个方面：一方面是维持它本身一代的生存，另一方面是保持其种群的延续。植物本身一代的生存是有一定时限的，尽管不同种类植物的生存时期有长有短，但是都要经过衰老阶段，直至最后死亡。所以植物在生长发育到一定阶段的时候，就必然会通过一定的方式，从它本身产生新的个体来延续后代，这就是植物的生殖。植物类群自然条件下个体数量的增多和居群的扩大都要通过生殖过程来实现。生殖过程中任何一个环节出现问题，都将导致生殖能力的降低，结果往往造成其个体数量减少，种群不能维持，从而威胁物种的生存，最终导致植物种濒危（方炎明，1996；魏晓慧，2006）。

植物生殖生物学是研究植物有性生殖过程的一门分支学科，它涉及性细胞发育、传粉与受精，以及胚胎发生等，是由植物胚胎学演进而来的（陈祖铿，1996）。初期的胚胎学主要是对研究对象进行形态描述。20世纪初期，胚胎学逐步从形态描述性研究向比较和实验性研究延伸。比较胚胎学将早期积累的描述性胚胎学研究成果，应用到比较和分析某些植物类群的胚胎学特性，以阐明植物系统发育的关系。这一领域的发展，有助于阐明生殖系统本身的演化规律，同时对解决分类学上的某些疑难问题也有一定作用。而20世纪50年代后期，实验胚胎学的发展，一方面有助于对生殖过程发育规律的认识，另一方面为育种实践提供理论依据和实用的新方法。20世纪60年代以后，植物胚胎学在农业生产实践的迫切要求下和生物科学迅速发展的推动下，逐步向综合性学科演进。细胞生物学与分子生物学的方法、技术被广泛用来研究胚胎学的问题，使得胚胎学在性质上发生了转变，即从传统的形态学范畴，逐渐演变为一门交叉性、综合性的学科——植物生殖生物学（胡适宜，2005）。

在新的发展时期，植物生殖生物学具体研究角度可概括为以下三个主攻方向：第一，生殖过程中结构与功能关系的研究；第二，生殖过程的实验研究；第三，生殖过程的分子生物学研究（胡适宜，2005）。关于第一个研究方向，人们借助电子显微镜和连续半薄、超薄切片技术，对生殖过程中多数环节的认识提高到超微结构水平。揭示了原来在光镜下难以分辨的结构特征，定义了许多新概念，如：雄性生殖单位（male germ unit）（Russell and Cass，1981；Dumas，at al.，1984；Mogensen，1992）、雌性生殖单位（female germ unit）（Huang and Russell，1992）、精子二型性（sperm dimorphism）（Bressac，at al.，1991）等。同时，运用各种显微技术、细胞化学和免疫学等方法，探讨了一些结构在生殖系统中的作用和功能，如：微管（microtubule）与微丝（microfilament）在花粉管生长、花粉管胞质环流、生殖细胞与精细胞的移动，以及细胞分裂等方面的维持、引导等作用；传递细胞（transfer cell）典型的壁内突结构反映其活跃的膜运输功能；花药绒毡层、珠心和珠被细胞、宿存的反足细胞、胚乳吸器、胚柄等组织结构中常有的多倍体现象，与其活跃的生理功能相一致；大、小孢子体胞质改组现象的实质是消除一些孢子体信息物质，为配子体基因组的表达准备一个合适的环境等。在生殖过程的实验研究方面，主要围绕"离体受精"展开。首先是性细胞的分离技术，如建立二步渗透等方法批量分离精细胞；利用显微操作和酶解相结合的方法分离出一定数量的有活性的胚囊和卵细胞。与此同时，微培养技术迅速发展，如花粉粒培养、花粉原生质体培养、合子及幼胚的培养等，都先后获得了成功。在此基础上，精卵的体外融合成为可能。最早由 Lorz 的实验室利用原生质体电融合的方法完成了玉米精细胞和卵细胞的体外融合，并得到了由人工合子发育而成的小植株。随后，Dumas 的实验室等完成了离体配子细胞核的直接融合。在精卵离体融合实验成功以后，利用这一实验系统开展了一系列理论问题研究，如对倾向受精、多精入卵、合子激活等机制的探讨（杨弘远，2002；孙蒙祥、杨弘远，2002；邱义兰等，2003）。现代生殖生物学第三个研究方向是 20 世纪最后十几年兴起的，借助各种分子生物学方法，研究生殖发育中基因控制与表达的规律，如：花药和花粉、雌蕊和雌配子发育的基因调控，自交不亲和性的分子基础，胚胎以及种子发育的基因调控等（许智宏，1999）。这一研究方向所取得的成果，提高了人们对生殖过程中器官和组织发生的时间与空间调控，极性与分化，以及发育中的程序性死亡等机制的认识。

通常对某种植物生殖生物学的研究，主要集中在生殖过程的胚胎学观察、物候观察与生殖特性、繁育系统、传粉生物学、结实结籽特性等几个方面，研究目的在于通过对植物生殖过程的动态研究，揭示其自身生殖发育的特点及其与外界环境的相互关系，找到生殖过程中的薄弱环节和限制性因素，使得人们能够利用有效的实验技术手段来完善植物生殖过程中的薄弱环节，在一定程度上克服生殖障碍，使其有效、成功地完成生殖，从而为制定合理的保护与管理措施提供理论依据。

### 1.1.1 花芽分化的研究

被子植物个体发育到一定阶段之后，便会由营养生长转向生殖生长。花芽分化即指植物从叶芽的生理和组织状态转化为花芽的生理和组织状态的过程。花芽分化一般分为两个阶段：生理分化和形态分化。生理分化发生在形态分化之前，也叫花的孕育期；当芽轴上出现花原基或花序原基时，即进入花芽形态分化时期。早期 Lang（1952）将成花过程分为四个阶段：①花发端（Flower initiation），指花原基（flower primordium）的开始分化；②花器官分化（Flower organization），指花器官（萼片、花瓣、雄蕊、雌蕊）的分化；③花成熟（Flower maturation），包括花器官生长，性细胞分化并产生花粉、胚囊及雌、雄配子的过程；④开花（Anthesis）。前两个阶段为形态分化（morphological differentiation），合称为花芽分化（flower differentiation）；后两个阶段合称为发育（development）。目前，植物的成花过程通常划分为以下三个阶段：①成花决定（flowering determination），是指植物感受外界信号刺激，茎尖由营养生长点生理状态转化为生殖生长点生理状态；②花的发端（flower evocation），是指茎端分生组织转变成花分生组织，形成花原基；③花器官的发育（floral organ development），是指顶端分生组织产生可识别的花原基和花器官的过程。成花决定在我国通常称为花芽生理分化；花原基和花器官的形成统称为花芽形态分化（张姝媛，2008）。

从形态解剖学来看，营养顶端与生殖顶端的区别在于：生殖端常较营养端更大、更宽、更平（曹慧娟，1989；陈机，1992）。从功能上来看，营养端的基本功能是促进轴的伸长生长，而生殖端的功能是产生具有大面积的分生组织罩，由此产生花的各部分（Philipson，1947）。伴随着形态和组织结构的变化，营养顶端向生殖顶端转变的过程中，也发生着一系列细胞学和组织学方面的变化。比如细胞分裂频率的加大，细胞超微结构的变化，C/N 比、核质比、DNA、RNA 及蛋白质成分的变化等（吴邦良等，1995；Blanchard and Runkle，2008）。一般情况下，花芽分化的顺序是先由生殖顶端的分生组织分裂产生苞片原基、花序原基或花原基，紧接着由花原基分化产生各花器官。通常花器官出现的顺序是自下而上陆续发生，即萼片→花瓣→雄蕊→雌蕊（谢成章，1984）。但往往各花器官的生长速率不同，如花瓣可能在雄蕊之前出现，但发育较迟缓，其主要生长时期只发生在雄蕊完全停止生长之后，有时花瓣和雄蕊可能在开花前的一个短时间内加快生长（陈机，1992）。

花的形态建成是一个极其复杂的过程，在完成这一过程中受到植物体自身和外界环境条件的共同制约，牵涉多种基因的相互作用与协调。Coen 和 Meyerowitz（1991）提出了基因控制花形态发生的 ABC 模型之后，又先后出现了 ABCD 和 ABCDE 模型（李贵生等，2003）。然而，花器官的形成是一个逐渐变化的过程，其中每一个阶段均涉及不同基因的表达。同时花不同器官的特征也受到不同基因的控制。植物花器官建成是一个基因按程序自动表达的过程，然而相关基因的功能和基因间的协作关系还不十分清楚。

### 1.1.2 小孢子及雄配子发育的研究

被子植物的雄性器官是雄蕊，雄蕊包括花药和花丝两部分。花药通常具有 4 个小孢子囊或花粉囊。在小孢子发生时期，花药分化出花药壁和造孢组织两部分。花药壁含有四种组织，即药室外壁（表皮）、药室内壁、中层和绒毡层。造孢细胞发育成为小孢子母细胞，也称花粉母细胞。小孢子母细胞经过减数分裂形成 4 个小孢子，它们包藏在共同的胼胝质壁中，称为小孢子四分体或四分孢子。小孢子经有丝分裂产生 1 个营养细胞和 1 个生殖细胞，此时进入雄配子体阶段。早期的雄配子体也称为双核花粉。成熟的花粉由 2 个或 3 个细胞组成，分别称为二细胞型花粉和三细胞型花粉。约 70% 的被子植物的成熟花粉是二细胞型花粉。其余 30% 被子植物的花粉是三细胞型花粉，包括 1 个营养细胞和 2 个精细胞，即雄配子。雄配子是由生殖细胞有丝分裂产生的。

许多植物中，花药内的减数分裂是同步进行的，原因不是十分清楚。有人认为是花粉母细胞之间存在大量胞间连丝的原因，但这种观点似乎很牵强，因为胞间连丝相当多地存在于不同类型的细胞之间（许智宏、刘春明，1997）。减数分裂之后形成的小孢子的第一次有丝分裂为不对称分裂，由此产生两个发育命运完全不同的2个细胞核——营养核和生殖核，因此，这种分裂可以认为是一种决定性分裂。营养核不再分裂，其体积比生殖核大得多，它的功能是作为一个“能源站”，为花粉粒的进一步发育和花粉管的生长提供养分和能源，将精子细胞运送到位于子房内的胚囊中。小孢子的第二次有丝分裂是生殖核经过一次有丝分裂，产生2个精子细胞。精子细胞几乎不含有线粒体，但具有浓缩的染色质和少量内质网，而且核孔密度也比较低（Wagner et al.，1990）。

花粉壁的分化通常与孢母细胞的分化同时进行。成熟的花粉壁有两层结构，外壁和内壁。内壁主要由果胶和纤维素组成，而外壁则主要含有孢粉质，对降解作用有很强的抵御能力。不同植物的花粉外壁的表面结构差异很大，有棘状、网状嵴等（Bedinger，1992；Bedinger，1994）。这种表面结构形态是由孢子体决定，这一点可以通过杂交实验得以证明。例如，番茄（*Lycopersicon esculentum*）和近缘野生种 *L. pennellii* 杂交的F1代花粉没有外壁表面结构的分离（Quiros，1975）。花粉壁的表面结构是在减数分裂过程中形成的，在四分体依然包括在胼胝质内的时候，这种表面结构就已经可以分辨出来了，表现为质膜的突起。然而在细胞水平上，这种物种特异性的花粉壁表面结构是如何形成的，目前可以说是一无所知。推测胼胝质壁可能在花粉壁的淀积过程中起到了骨架作用，因为当小孢子过早从胼胝质壁中释放出来时，其外壁发育不正常，并且导致小孢子破裂（Worrall，et al.，1992）。

小孢子或雄配子的发育异常会引发雄性不育，最终导致植物有性生殖过程的失败。王亚玲等（2008）曾总结认为：小孢子发生及雄配子体发育阶段的异常是导致濒危木兰科（Magnoliaceae Jussieu）植物生殖失败的主要原因之一。如：红花木莲［*Manglietia insignis*（Wall.）Bl.］小孢子形成过程中，在次生造孢细胞、花粉母细胞及减数分裂的二分体时期都会出现异常（潘跃芝等，2001）；濒危植物香木莲（*Manglietia aromatica* Dandy）的花粉萌发率只有0.01%（潘跃芝等，2003）；香港木兰在次生造孢细胞、小孢子母细胞、四分体时期都会出现败育，且在很多成熟花药中全部是败育的单核花粉（王亚玲等，2008）。另外，木兰科植物鹅掌楸［*Liriodendron chinense*（Hemsl.）Sargent］发生在小孢子减数分裂四分体形成前的异常，也是限制其生殖成功的重要原因（尹增芳等，1997，1998）。濒危物种木根麦冬（*Ophiopogon xylorrhizus* Wang et Tai）有性生殖的薄弱环节中雄性不育是很重要的一个原因（何田华等，1998）。珍稀濒危植物矮牡丹（*Paeonia jishanensis* T. Hong et W. Z. Zhao）的小孢子母细胞减数分裂异常，形成大量无活力的花粉，是影响其生殖成功的一方面影响因素，但花粉发育的异常并不是导致矮牡丹濒危的主要原因，自然传粉后胚珠高达85%的败育率和极低的种子萌发力是导致其日渐濒危的主要原因（张寿洲等，1997；潘开玉等，1999）。在凹叶厚朴的小孢子发生和雄配子发育过程中，存在如下障碍：部分花药内同一花粉囊内小孢子母细胞减数分裂不同步，以及小孢子母细胞在减数分裂前发生收缩胶合，以致不能进行正常的减数分裂；在小孢子从四分体中释放出来后，部分小孢子由于收缩过度而成"骨形"，不能进行正常液泡化，不能进行正常有丝分裂；部分花粉囊在二核花粉发育时期，中层和绒毡层未退化完全，使得花粉继续发育缺乏营养。这些败育现象是引起凹叶厚朴自然繁殖率降低，并逐步走向濒危的重要原因之一（王利琳等，2005）。

### 1.1.3 大孢子与雌配子发育的研究

大孢子和雌配子的发育始于胚珠的发育。胚珠是由子房内部的胎座区的 L2 和 L3 细胞层平周分裂产生（Bouman，1984）。胎座区的位置和排列方式在被子植物中高度变异，是一种重要的分类特征。胚珠是产生大孢子和胚囊的特化结构，并且是受精和胚胎发生的场所。胚珠由珠心、珠柄和一层（或两层）珠被结构组成。珠心发生于胚珠原基的顶端。

在胚珠出现不久，位于胚珠端部的表皮之下的一个细胞开始膨大，该细胞含有显著的细胞核，即为孢原细胞。孢原细胞可以直接形成大孢子母细胞，也可以经过有丝分裂产生两个细胞，其中一个形成大孢子母细胞，而另外一个只是一般的体细胞（Bouman，1984）。有些植物，如大豆，可以有多个孢原细胞，但其中只有一个发育成大孢子母细胞。控制孢原细胞的发生和大孢子母细胞决定的因子还一无所知。由于大孢子母细胞位于珠心的顶端，提示位置效应可能是大孢子母细胞特化的一个重要因子。孢原细胞先后经历大孢子发生时期和雌配子发生时期。在大孢子发生时期，大孢子母细胞进行减数分裂，产生 4 个大孢子核。在胚囊发生时期，大孢子核进行有丝分裂、细胞核迁移和细胞质分裂产生成熟的胚囊。不同植物中胚囊的发育模式变化很大，可分为单孢子型、双孢子型和四孢子型三大类型。划分这三种类型的主要标准是减数分裂后产生的 4 个大孢子有几个参与胚囊的形成，如在单孢子胚囊中，减数分裂后产生 4 个单倍体的大孢子，其中 3 个退化，只有近合点端的 1 个参与八核胚囊的形成。这是最常见的一种类型，研究过的植物中有 70% 属于这种类型。双孢子型和四孢子型则分别有 2 个和 4 个孢子参与胚囊的形成。有人认为胼胝质参与了功能大孢子的选择（Rodkiewicz，1970）。在大孢子发生期间，胼胝质首先在大孢子母细胞的细胞壁上累积，然后在大孢子壁上累积。减数分裂后，有功能的大孢子细胞壁上的胼胝质变薄甚至完全消失，而没有功能的大孢子壁上则仍有较厚的胼胝质，由此来保证有功能的大孢子可以从珠心中吸收营养物质。这一点从四孢子型植物上也可以看出，由于在这类植物中不存在孢子的退化，所以在孢子细胞壁上也观察不到胼胝质的累积。雌配子体是由有功能的大孢子产生。在单孢型胚囊中，位于合点端的有功能大孢子先膨大，然后进行第一次有丝分裂，所产生的两个细胞核分别向两极移动，细胞的中央部位被一个大液泡充满。然后这 2 个细胞核分别进行两次有丝分裂，但是没有新细胞板形成，由此产生了 1 个八核胚囊，细胞壁的形成在随后完成。但是位于胚囊中心的 2 个极核一直处于游离核状态。成熟的胚囊（又称为雌配子体）具有 1 个卵细胞、2 个与卵细胞相邻的助细胞、3 个位于合点端的反足细胞和两个极核。这些细胞分别在受精、胚胎发生、胚乳形成过程中起重要作用。卵细胞位于胚囊的珠孔端，以后将与精子融合产生合子，开始胚胎发育过程；助细胞位于卵细胞的两侧，这 2 个细胞在受精过程中特别是引导花粉管走向卵细胞中可能起重要作用（许智宏、刘春明，1997）；中央细胞位于胚囊的中央，在受精时其中的2个极核和1个精子核融合，产生三倍体的初生胚乳核，初生胚乳核的分裂形成胚乳；位于合点端的3个反足细胞在生殖过程中所起的作用尚不清楚，一般认为它们可能参与了将营养物质运输到胚囊内的过程。

珠被发生于珠心的基部，珠被原基伸展形成指状突起，进而分化形成两层珠被，在少数情况下只有一层珠被。在两层珠被的情况下，内珠被一般来自于表皮细胞（L1），而外珠被则通常来自表皮和表皮下层细胞（L2）。由于珠被两侧的细胞分裂速率不同，造成外珠被一开始形成就不对称，并由此导致胚珠的弯曲，弯曲的程度可以作为形态分类的指标。倒生胚珠表现出高度的弯曲，以至于胚珠的长轴和胚柄的长轴平行。由于珠被的生长速度比珠心的生长速度快，最后导致珠心完全被珠被包裹起来。珠被可以进一步分化，特别是靠近胚囊的一层或多层细胞分化形成具有滋养功能的珠被绒毡层。珠被绒毡层和花药绒毡层的细胞学特征很相似，推测可能具有类似的生物学功能，即为胚囊的发育提供营养（Maheshwari，1950）。珠被在包裹珠心后，会在顶端留下一个小孔，称为珠孔，是授粉过程中花粉管的通道。

大孢子发生或雌配子发育过程中的异常容易引发雌性不育，雌性不育是导致植物种子败育的一个重要因素。王仲礼等（1998a，1998b，1999）对短柄五加（*Eleutherococcus brachypus* Harms.）的胚胎学研究结果认为：在大孢子发生与雌配子体发育过程中，存在一定比例的退化胚囊，从解剖结构看主要是成熟胚囊未经受精造成的。因为花柱的发育与胚囊发育的不协调，导致花粉管进入胚囊时间过迟，致使成熟胚囊未能及时受精而退化。刘林德等（1998a，1998b，1998c）对刺五加［*Eleutherococcus senticosus*（Rupr. et Maxim.）Maxim］三种性别类型的植株分别进行了胚胎学研究，结果表明：雄株存在雌性不育现象；雌株存在雄性不育现象，且成熟胚囊因花粉限制受精不良而大量退化；两性株花粉粒大小悬殊，发育不同步，许多胚囊发育异常，部分正常胚囊因花粉限制而受精不良、发育不良。雌、雄性生殖器官不同时期不同原因的败育是造成其渐危的主要原因。木兰科（Magnoliaceae）的许多濒危树种都存在雌性功能不全或较弱的现象。例如凹叶厚朴［*Magnolia officinalis subsp. biloba*（Rehd. et Wils.）Cheng et Law］的大孢子发生和雌配子发育过程中，四分体和成熟胚囊时期存在发育异常现象，其中四分体的异常导致功能大孢子不能正常形成，成熟胚囊液泡化导致卵细胞退化萎缩，最终胚囊败育（王利琳等，2005）。观光木（*Tsoongiodendron odorum* Chun）在雌配子体发生发育的过程中，正常发育的胚珠数量及比例逐渐减少，在四分体和成熟胚囊时期有一定数量的生殖细胞结构凝缩和解体，最终导致胚珠败育。而在印尼木莲（*Magnolia grandiflora*）和广西含笑（*Michelia champaca*）的雌配子发育过程中，不仅在四分体和成熟胚囊时期观察到了败育现象，在二分体、功能大孢子、二核胚囊等时期都看到了异常发育现象的发生（唐源江等，2003）。雌性败育现象在果树中比较常见，比如杏在花芽分化进入雌蕊分化后会表现出多种雌蕊发育不良和畸变现象，主要有生长点发育不均匀、花柱弯曲、向内回拢、花柱扭曲变形、花柱萎缩、柱头弯曲生长、柱头不均匀膨大等（李隐生等，1986；王保明等，2000；胡国富等，2005）。

### 1.1.4 繁育系统的研究

繁育系统的研究始于人类文明之初，大约在公元前1500年，亚术王宫就有对枣椰树（*Phoenix dactylifera*）进行人工授粉的浮雕（何亚平等，2003；Proctor，et al.，1996）。18世纪初，Dobbs等首先发现植物异交现象以及昆虫在植物异交中的作用（何亚平等，2003；Proctor，et al.，1996）。18世纪下半叶，Kolreuter发明人工杂交，Sprengel创立了花理论（花为昆虫传粉而设计），这两项工作是研究繁育系统的最基本的方法（Real，1983）。Darwin（1876）利用人工杂交方法揭示了自交和异交的效果及不同花型对繁育系统的适应和影响，建立起了植物繁育系统研究的基本理论和方法。但该学科的发展曾在相当长的一段时间内未受到重视。近年来，由于人们对生物多样性不断减少的担心，转而关注生态系统中动植物之间的柞互关系，重新重视植物繁育系统的研究（Proctor，et al.，1996），并取得了新的进展。如异花传粉机制的不断被发现，并得到分子系统发育树的进一步的检验。分子生物学领域中有关异花传粉中花结构变异发育的分子控制过程，以及花粉-柱头识别机制不断被深入探讨（何亚平等，2003）。人们不再只是简单描述花外部性状的性表达方式及其对昆虫的传粉适应，而是将花各性器官的表达、花的开放式样、花发育模式、花粉-柱头识别等，以及定量测定和分析、定性模拟等引入到繁育系统研究中来。交配系统的研究由于等位酶技术、RAPD、SSR、AFLP等分子标记技术在繁育系统中的成功应用，进入了一个新的研究层次；同时一些原有的结论如近交衰退在维持混合交配系统进化中的主导作用，在濒危物种中保护远缘居群、利用远交方法来提高后代生存力等也受到严重挑战。植物繁育系统研究，实际上已成为一个以“生殖”为核心，以探讨物种多样性发生历史、维持机制和保护策略为最终目的的综合交叉研究（何亚平等，2003）。

经典的繁育系统（breeding system）概念是由Heywood建立的。Heywood认为，繁育系统是指控制种群或分类群内自体受精或异体受精相对频率的各种生理形态机制系统（陈家宽、杨继，1994）。此概念把繁育系统分为有性和无性两大类，把有性生殖分为自体受精和异体受精两部分。Jain（1976）把繁育系统分为了远交、近交、无融合生殖、兼性无融合生殖和营养繁殖。Hamrick（1990）则把繁育系统分为有性生殖和有性无性混合型生殖，把繁育系统的有性生殖部分区分为自交、混合交配和异交。交配系统（mating system）是包括生物有机体中那些控制着配子如何结合，以及形成合子的所有属性（陈家宽、杨继，1994）。严格地讲，配子由雄性传递给雌性的方式决定着有性生殖的物种两世代间本质的联系，这种传递方式就是一个种的交配系统。在对交配系统概念的理解中，王中仁（1996）认为不包括无融合生殖在内的繁育系统就是交配系统。所以，狭义的交配系统概念只与有性生殖有关。但也有些人认为，交配系统决定了基因在相邻世代间的传递方式，不一定非与有性过程有关，无性生殖方式只是绕过了受精，世代间的基因传递没有经过遗传重组，可视为有性生殖过程中的异化类型。因此，广义的交配系统实质上和繁育系统意义相当。

对植物繁育系统的多样化及其作用模式和机制的研究，是理解植物各类群进化的一个重要基础（郭友好等，1998）。在自然界中，雌雄异株和闭花受精分别是远交机制和自交机制的极端例子，当然在这两种极端类型之间，还存在有许多的过渡类型。就性表达而言，雌雄两性器官在植物中的分布有多种情况，除雌雄异株（dioecy）、两性花植物（hermaPhroditism）以外，还包括雌雄同株（monoecy）、雄花两性花同株（andromonoecy）、雌花两性花同株（gynomonoecy）、雌花两性花异株（gynodioecy）、雄花两性花异株（androdioecy）、三性花同株（trimonoecy）、三性花异株（trioecy）。其中在两性花植物中，除性别分离可促进异交外，雌雄两性器官通过多种形式的空间上的分离（雌雄异位，herkogamy）、成熟时间的不同（雌雄异熟，dichogamy）以及生理上的机制（自交不亲和，self-incompatibility）来达到雌雄两性分离的现象也非常普遍（Uyenoya，2000）。如李庆军等（2001）在单子叶植物姜科山姜属（*Alpinia*）植物中发现了一种独特的性多态现象（sexual polymorphism），即每个种的花在同一特定时间内都有两种花柱表现型：柱头上举型（anaflexisty）和柱头下垂型（cataflexisty），在不同的时间内，两类花通过花柱位置的变化来实现花雌、雄性的转变。该机制在功能上类似于异型雌雄异熟（heterodichogamy）（Barrett，2002a），是植物为避免自交，在时间和空间上的共同适应。

### 1.1.5 受精过程的研究

被子植物受精过程包括：花粉在柱头萌发并长出花粉管，花粉管生长并通过花柱，花粉管进入胚囊和释放内容物，配子融合等一系列事件（胡适宜，2005）。花粉管是雄配子到达雌配子体的载运体。花粉管从柱头的细胞壁之间进入柱头，向下生长，进入花柱。花粉管进入柱头和在花柱中生长的通路与柱头、花柱特有的结构及腺质细胞构成的引导组织有关。在具干型柱头和实心花柱的植物中，花粉管进入柱头首先需要由花粉管分泌角质酶和壁降解酶，使柱头上的角质层和细胞壁成分被破坏，然后通过柱头与花柱引导组织的细胞间隙生长。引导组织通常具有大的细胞间隙及充满渗出物或细胞具厚的中层，提供了有利于花粉管生长的道路。少数植物花粉管生长是通过纵向细胞壁，甚至花粉管可穿入细胞通过细胞腔生长。在具有开放柱头和空心花柱的植物中，花粉管在花柱中沿通道表面的引导组织细胞的表面生长。在通道中通常也充满由引导组织细胞分泌的物质。

花粉管生长经过花柱到达子房后，继续沿胎座向胚珠生长。通常花粉管经珠孔进入胚珠，但也可从合点或胚珠中部进入。花粉管进入胚珠后穿过珠心组织进入胚囊。花粉管定向地生长和从珠孔进入胚囊，一般认为是由胚囊中助细胞产生的向化性物质的作用，通过丝状器分泌到珠孔或相邻的珠心细胞。吸引花粉管生长的物质现在认为至少包括三类物质：简单的无机盐（如钙离子）、单糖（如葡萄糖）和低相对分子质量的酸性蛋白。钙对于花粉管在体内的生长是必不可缺少的，并造成一个钙梯度分布引导花粉管生长。

花粉管进入胚囊总是首先到达两个助细胞中的一个。接受花粉管的助细胞或迟或早退化，大多数植物退化发生在传粉后和花粉管在花柱中生长时。通常在受精前后胚囊中的两个助细胞中仅一个退化，另一个宿存，而花粉管的进入总是到达退化的助细胞中。助细胞的退化与引导花粉管进入胚囊、促使花粉管释放精子和帮助精子的转移有关。在助细胞中含高浓度的钙及在退化过程中钙浓度增加，超常的钙含量可能是助细胞退化的重要因素。在受精过程中，对助细胞程序性的凋亡的研究有重要的意义。在胚囊中的两个助细胞哪一个退化，哪一个宿存，在一些植物中的表现是有规律的。例如大麦，退化的一个助细胞多位于近胎座一侧；在向日葵中，退化助细胞是位于近珠柄一侧的一个。助细胞退化的这种“位置效应”，推测是由花粉管产生的信号沿珠柄一侧扩散到胚囊，从而诱导该侧的助细胞退化。不过，有的植物助细胞退化在位置上的倾向性是不明显的，如亚麻，而在烟草中是随机的。因此，有关为什么仅一个助细胞退化及选择性的机制，仍有待进一步研究。

在被子植物独特的双受精中，一个精细胞与卵细胞融合，形成受精卵；而另一个精细胞与中央细胞融合，形成初生胚乳核。融合涉及一个花粉管中的一对精细胞，它们哪一个与卵融合，哪一个与中央细胞融合，是预定的，还是随机的，以及这两个精细胞之间是否有分化等问题尚待研究。精卵识别是了解受精机制的关键问题，也是当前植物生殖生物学研究的前沿课题。关于被子植物受精中雌雄配子融合的机制，有随机假说和特异受体假说两种假说。随机假说是指精子与卵细胞的受精是随机结合，并且一个精细胞与卵结合后随即发生阻止多精入卵反应；特异受体假说则认为雌雄配子融合是由细胞表面特异的识别因子所预定的，两个精细胞表面质膜具有不同的决定因子，这种因子与卵细胞（或中央细胞）的表面可以互补。

### 1.1.6 胚和胚乳发育的研究

按照 Soueges（1940）的观点，可以将胚胎发育分为原胚发育和胚发育两个阶段，胚的发育从合子分裂开始，经过原胚、胚的分化阶段，最后达到成熟。双子叶植物胚的发育大致经历原胚（proembryo）、球形胚（globular embryo）、心形胚（heart-shape embryo）、鱼雷胚（torpedo-stage embryo）和子叶胚（bent-cotyledon）等几个阶段。根据顶细胞的分裂面及基细胞参与胚本体构成的程度，将胚的发生分为五种类型：十字花型（crucifertype）、紫苑型（asterad type）、黎型（chenopodiad type）、茄型（solanad type）、石竹型（caryophyllad type）、胡椒型（Piperad type）。随着胚和胚乳的不断发育，整个胚珠发育成种子，胚珠的珠被发育成种皮（周云龙，2004）。

黄坚钦等（1995）研究了濒危植物中鹅掌楸（*Liriodendron chinensis*）的双受精过程、胚胎发生的过程等，并试图从胚胎学角度探讨濒危原因；吴彦琼等（2004）研究了蒜头果（*Malania oleifera*）的生殖生物学特性。此外，Label，et al.（1994）发现欧洲黑杨（*Populus nigra* L.）在受精前后子房内部的脱落酸含量不变。20世纪90年代，Kranz，et al.（1991，1993）在玉米体外受精方面首先取得突破，并进一步使人工合子发育成可育植株。传统植物胚胎学的研究都对胚胎发育过程进行了大量细胞形态描述，光学显微镜和电子显微镜的应用为目前胚胎发育的分子生物学的研究奠定了坚实的基础。

根据初生胚乳核分裂后是否形成壁，早期胚乳发育可分为三种主要模式：核型（nuclear type）、细胞型（cellular type）和沼生目型（helobial type）（胡适宜，2005）。胚乳的发育分为四个时期：合胞体、细胞化、分化和死亡。这几个时期的长度和重叠程度，依物种不同而有差异。核型胚乳是禾谷类植物和双子叶植物胚乳发育的典型模式（王晓燕等，2005；张晖，2008）。其特征是初生胚乳核经历数轮分裂而胞质不分裂，形成由许多游离核在中央细胞中靠边缘排列的合胞体。这种游离核的定位，表明在早期合胞体中可能有预存于大配子体中的定位信息起作用。随后胞质开始分裂，由四周逐渐向中央液泡推进，直至胚乳全部细胞化。细胞型胚乳常见于番茄属植物，以及景天科、唇形花科、紫薇科等的植物中。在细胞型胚乳的发育过程中，初生胚乳核第一次分裂后，细胞即开始有丝分裂和胞质分裂，并贯穿于整个胚乳发育过程。在细胞型胚乳早期发育中，不同科的植物不仅表现有各种的胞质分裂方式，而且常常在珠孔端或合点端或两端特化形成吸器。沼生目型胚乳发育模式在自然界很少见，主要见于单子叶植物的科，如水鳖科和眼子菜科等，并如其名在沼生目中占优势。有人认为是前两者的过渡类型，初生胚乳核第一次分裂时形成细胞壁，将胚囊分隔成 1 个大的珠孔室和 1 个小的合点室。在珠孔室进行多次的游离核分裂，至发育后期形成细胞；而在合点室保留不分裂或只进行少数几次分裂，可能一直保留游离核或呈退化状态，有的植物也可形成细胞（樊庆颖，2010）。

胚乳吸器是胚乳在发育过程中可能从合点、珠孔端或从侧面扩张形成的结构，具有从珠心、珠被和合点组织吸收营养物质运输到胚乳本体的功能（胡适宜，2005）。胚乳吸器主要见于核型和细胞型胚乳中。细胞胚乳形成特殊形态的吸器，这些吸器往往位于珠孔端、合点端或在两端同时出现。胚乳吸器的数量、形态、位置以及存在时间因种而异，在多种植物中都有报道（Chopra and Agarwal，1958）。爵床科（Acanthaceae）的一些种中，胚乳外形不对称，在珠孔端和合点端都形成吸器。如在双翅花（*Dipteracanthus patulus*）和假杜鹃（*Barlerla cristata*）中，初生胚乳核第一次分裂形成 1 个小的合点室和 1 个大的珠孔室，珠孔室再一次横分裂，形成一列 3 个细胞，中央区细胞发育为胚乳本体，而珠孔端和合点端细胞发育为吸器。在狸藻科（Lentibulariaceae）中初生胚乳核第一次横向大致垂直胚囊分裂，并产生横向壁。合点室与珠孔室都进行一次纵分裂形成由 4 个方形细胞组成的胚乳。接下来珠孔端 2 个细胞横分裂产生 4 个细胞，此时为 6 个细胞胚乳。这 6 个细胞胚乳分 3 排，每排 2 个，居中的 2 个细胞不断分裂后形成胚乳本体。合点端 2 个细胞的壁重组并深入珠被组织形成合点吸器，并且每个细胞始终保持双核。珠孔室的 2 个细胞也形成珠孔吸器，但并不像合点吸器那样扩张到胚囊以外区域（Sundararajan，et al.，1983）。日本与印度学者对玄参科植物研究较多，对胚乳吸器的研究也较为深入系统。在尖果母草［*Lindernia hyssopioides*（L.）Haines］中初生胚乳核横分裂，形成较短小的合点室与较长的珠孔室。这 2 个细胞再进行纵分裂，形成了分两层排列的 4 个细胞。下侧 2 个细胞发育成胚乳合点吸器，少数情况下，其中 1 个细胞进行一次纵分裂形成三细胞胚乳合点吸器。上侧的 2 个细胞进行一次纵分裂和一次横分裂，形成 2 排细胞，上部 4 个细胞发育为珠孔吸器，下部 4 个发育为胚乳本体。胚乳珠孔吸器较合点吸器较早退化（Govindapp，et al.，1970）。在尼泊尔沟酸浆中，初生胚乳核横分裂形成珠孔室与合点室，之后两细胞都进行纵分裂，珠孔室分裂略早。两个合点端细胞再进行分裂，形成 4 个细胞，发育为合点吸器。珠孔端的 2 个细胞进行横分裂，形成上下两层各 2 个细胞。然后又进行一次纵分裂。上部的4个细胞发育为珠孔吸器，下部的4个细胞发育为胚乳本体。珠孔吸器较合点吸器更早退化，合点吸器较珠孔吸器更为扩张，在整个种子发育过程中都活跃行使重要的营养功能。在婆婆纳属（*Veronica* L.）中初生胚乳核早于合子进行横分裂，形成珠孔室细胞与合点室细胞，合点室细胞直接行使吸器的功能，而且立即形成双核。珠孔室细胞经过一次纵分裂，一次横分裂，上部的2个细胞发育成珠孔吸器，下部的2个细胞为胚乳本体原初细胞。双核的合点吸器呈管状延伸，直接与种子疏导组织终端接触。胚胎发育后期，由于胚乳本体的生长，胚乳合点吸器被挤压到胚珠边缘。较珠孔吸器更早退化。两个珠孔吸器形成时，2个细胞间没有形成间隔壁，不久随吸器的扩大使2个细胞融合。然后其向胚珠疏导组织延伸，在其成熟期呈不规则形，并与疏导组织连接。随种子发育，其功能退化，在成熟种子中，仍保留遗迹（Arekal，1976）。天使花属（*Chaenorrhinum minus*）植物较为特别，受精后初生胚乳核由卵器移向胚囊的中部区，第一次横分裂，产生珠孔室细胞与合点室细胞。合点室细胞沿着细胞质浓密的合点区产生管状突起。在合点端产生的这些乳头状突起与种子或种皮的疏导组织接触，起到从疏导组织向胚乳本体运输营养的重要作用。珠孔室细胞经过一次纵分裂和三次横分裂产生8对细胞，发育为胚乳本体，无珠孔吸器（Arekal，1976）。对胚乳吸器的研究在电镜上还处于初期阶段，局限于 *Glycine max*（Dute and Peterson，1992）与 *Rhinanthus minor*（玄参科）（Chopra and Agarwal，1958）的研究。这两种植物中，合点吸器的共同超微结构特征，是具有长入细胞质的明显壁内突，这是行使转运代谢产物功能的标志性特征。胚乳吸器在营养物质的吸收和运输中起重要作用，主要是根据在形态上胚乳扩展的吸器部位与珠心、珠被或合点区的维管束密切联系，以及细胞质浓厚和存在大的核等特点。而超微结构和细胞化学的资料，如存在多倍体核，代谢活跃的细胞质状态及具传递细胞壁等，更加明确了胚乳吸器在吸收营养上承担重要的功能。

K. 伊稍（1973）认为，胚胎与胚乳之间有十分亲密的营养关系，胚胎的发育通常要依靠胚乳的存在，正在发育的胚胎消化胚乳的过程是一系列复杂消化现象中的一部分，通过胚乳的消化可将老孢子体中的营养物质转移给新的孢子体。申书兴（1989）在总结了近60年来国内外有关植物倍性间杂种胚败育的研究后发现，现在比较一致的看法为胚和胚乳是双受精的产物，二者有极敏感的发育平衡关系，胚的发育依赖胚乳的发育提供营养，胚乳提前解体，使幼胚发育中途停止或解体。孟金陵等（1995）认为胚乳是胚胎中后期发育的主要营养来源，胚乳中有多种植物激素产生，对胚的分化亦有着重要影响；另外，发育中的胚乳还起着维持和调节胚的渗透压的作用。陈机（1996）也认为胚的正常生长和分化依赖于紧靠着它的周围组织即胚乳，胚乳中的某些物质对于胚的营养是必需的。胚与胚乳存在依赖关系，胚的正常发育离不开胚乳及其提供的养料。

## 1.2　梓属植物生殖生物学研究进展

紫葳科植物全世界约有120属，650种，广布于热带、亚热带，少数种类延伸到温带，但欧洲等地不产。我国有12属，约35种，南北均产，但大部分种类集中于南方各省区；引进栽培的有16属，19种。梓属系属紫葳科硬骨凌霄族，全世界约有13种，分布于美洲和东亚（《中国植物志》第69卷）。从形态构造、亲缘关系和开花结果规律上，可以将梓属划分为3个组别，21个种及变种。我国连引入种共计5种及1变种，分别是梓（*Catalpa ovata* G. Don）、藏楸（*C. tibetica* G. Forrest）、黄金树（*C. speciosa* Ward）、楸（*C. bungei* C. A. Meyer）、灰楸（*C. fargesii* Bur.）（原型）、滇楸（*C. fargesii* f. duclouxii Dode）（变型）（潘庆凯，1991）。楸树（*C. bungei* C. A. Meyer）属紫葳科梓树属，为落叶大乔木，高达30 m。树冠长卵形，树干通直，树皮灰褐色或灰黑色，浅丛裂；小枝灰绿色，无毛；幼叶具单毛，后脱落；叶对生或三叶轮生，单叶，长卵状椭圆形或三角状卵形，先端渐尖，基部圆形、楔形或平截，全缘或有裂齿，表面深绿色，无光泽，背面浅绿色，基脉三出，基部脉腋间具有灰褐色脉斑；叶柄浅绿色，长2~10 cm。聚伞房状总状花序，顶生，长5~10 cm，由3~12朵小花组成；花两性，粉白色，内有红色斑点或条纹。蒴果长25~42 cm，径5~6 mm，果皮灰褐色，略有光泽；种子多数矩圆形，扁平，两端具白灰色长毛，种子连毛长3.5~5 cm。花期4~5月。果熟期9~10月（《中国植物志》第69卷）。

国内外关于梓属植物生殖生物学方面的报道数量甚少。Mauritzon（1935）曾对紫葳科一些种的胚胎学进行了研究和总结，认为紫葳科植物胚胎学特征在于其胚乳的发育。他将紫葳科胚乳发育类型归纳为两种类型：*Catalpa* 型和 *Incarbillea* 型。随后，印度学者 Swamy 在 Bignonia megapotamica 的大孢子发生和胚乳发育的研究中指出 *Catalpa* 型胚乳的发育是初生胚乳核分裂形成合点室和珠孔室，接着合点室纵裂形成2个或4个细胞组成的合点吸器。同时珠孔室连续纵裂2次，2次纵壁呈直角交叉，接着是横裂，这样连续数次后形成位于胚囊中部的多细胞胚乳。而向珠孔端的最后一层4个核由于纵壁不完全，形成多核体状的吸器。我国著名植物学家樊汝汶（1980，1981）先后对滇楸和梓树（C. ovata）的胚胎学进行了研究。研究认为滇楸和梓树的胚胎学发育特征相似，在双子叶植物类型中具有一定的代表性。它们的花粉、花药结构和发育过程与许多双子叶植物的类型相同，四合花粉和胚乳吸器也是部分双子叶植物具有的特征。最为有特点的是它们合子和胚乳的发育：虽合子的发育类型为十字花型，但发育的位置不是在珠孔端，滇楸是在胚囊中部，浸埋在胚乳中；梓树是先在靠近合点端后又随着胚乳细胞的生长分裂，移到胚囊中部并浸埋在胚乳中。这样的合子移动发育类型比较罕见。梓树的胚乳发育也与 *Catalpa* 型有所不同，虽然第一次合子分裂也形成珠孔室和合点室，但接下来珠孔室只横裂一次，或由合点室横裂一次，形成两个胚乳原始细胞，随后经历胚乳合点吸器和珠孔吸器解体消失的过程，胚乳原始细胞复又分裂形成胚乳。这与 *Catalpa* 型中珠孔室经多次横裂形成数量较多的胚乳细胞不同。且 *Catalpa* 型胚乳合点吸器是由初生胚乳核分裂而来，梓树胚乳中由初生胚乳核分裂产生的合点吸器是短命的，胚乳本体是由胚乳原始细胞复又分裂形成的，当大量胚乳细胞形成时，合点区细胞解体，形成状如细胞实为原生质团块的次生合点吸器，它在形态和位置上与 *Catalpa* 型所描述的合点吸器是类似的。另外，珠孔吸器在 *Catalpa* 型胚乳中最后也参与到胚乳细胞中，作为胚乳的一部分，而梓树胚乳的珠孔吸器是短命的，不久便解体消失。滇楸和梓树的胚乳发育过程相似，都经历了吸器退化阶段，不同的是滇楸的胚乳合点吸器可以是4细胞的，合点区细胞的辐射状更明显。

除胚乳发育独具特色外，紫葳科植物还有一显著特性，即自交不亲和性。自交不亲和（self-incompatibility，SI）现象在显花植物中非常普遍，据估计在高等植物中，至少有71个科，250个属物种中超过一半表现出自交不亲和性（Haring，et al.，1990；Franklin-Tong and Ride，1995；de Nettancourt，1997）。这种不亲和识别反应，发生在花粉的水合、萌发，以及在花柱、胚珠的生长中，甚至在一些物种的受精以后的各个阶段（Liedl，et al.，1996；Dixit，et al.，2001）。目前对多种植物的自交不亲和系统已进行了广泛深入的研究，多数自交不亲和是由包含多个复等位基因的单一遗传位点控制，这一位点称为S位点或S基因（Sato，et al.，1988）。但也有些植物的不亲和性是由2个或多个位点控制的，如禾本科配子体自交不亲和系统就是由S和Z两个位点控制（牛俊海等，2006）。一般同一科属的植物自交不亲和机制相同，不同科属植物的自交不亲和机制不同，不同自交不亲和系统的S基因之间没有明显的同源性（Silva，2001；Deborah，et al.，2005）。植物自交不亲和性按照自交不亲和发生的特性，分为孢子体自交不亲和性（sporophytic self-incompatibility，SSI）和配子体自交不亲和性（gametophytic self-incompat-ibility，GSI）。孢子体自交不亲和性由花粉母细胞的S基因型决定，当花粉母细胞的S基因型和雌蕊S基因型相同时，花粉粒在柱头乳突表面萌发受阻，如十字花科、菊科、旋花科植物等；配子体自交不亲和性决定于花粉自身的S基因型，当它和雌蕊的S基因型相同时，花粉一般能在柱头萌发并伸入花柱，但花粉管在花柱中生长受到抑制，如茄科、蔷薇科等（Ganders，1979；Gibbs，1986；Barrett，1988）。根据花粉管受抑制的部位和花粉管生长情况，SI表现形式可分为以下四种（Brewbaker，1959；East，1940）：①花粉在柱头上不能正常萌发，如萝卜、黑麦、甘蓝等。②花粉在柱头上能正常萌发，但花粉管不能穿透柱头传输组织，如白菜等。③花粉在柱头上能正常萌发，但花粉管穿透柱头后，不能在花柱传输组织中继续生长而到达胚囊，如烟草、矮牵牛等。④花粉在柱头上能够萌发，且在花柱传输组织中能正常生长，但花粉管到达胚囊后不能与卵细胞结合形成合子，如甜菜等。

关于植物SI分子机制的研究，主要集中于十字花科芸薹属、茄科、蔷薇科等，它们的分子机制特点清晰，区别明显。比如，在孢子体型SI的芸薹属中，雌蕊的S基因编码S位点的（SLG）糖蛋白和S受体激酶，它们可能与磷酸化和去磷酸化参与了某种信号传递有关，最后导致自交花粉生长的抑制。在配子体型SI的茄科中，雌蕊的S位点糖蛋白是一种核糖核酸酶——S-核酸酶（S-RNase）。自交不亲和反应与S-核酸酶引起的花粉管RNA降解有关，并且可能通过花粉管特异性的摄入S-核酸酶或者花粉管内存在的特异性的核酸酶抑制剂的作用，达到对自交花粉的抑制作用，与茄科类似，在配子体型的蔷薇科和玄参科中，编码花柱的S-核酸酶控制花柱的自交不亲和性，S位点位于染色体着丝粒的周边区，富含转座子和反转座子，预示它们有共同的起源和具有抑制重组的功能（张卫东，2004）。国内外大多数关于自交不亲和分子机制的研究多数集中在草本植物上，也有少部分研究在蔷薇科的梨、杏等果树上进行。而林木由于基因相对杂合，生长周期普遍较长，且不像果树和农作物把果实的质量作为评判品种优良与否的重要指标，故对其自交不亲和性分子机制的研究报道很少。

除了以上已深入研究并被广泛认可的三种经典 SI 机制外，还有一种自交花粉管的抑制发生在子房，叫作晚期自交不亲和（late-acting self-incompatibility，LSI）或子房内自交不亲和（ovarian self-incompatibility，OSI），晚期自交不亲和植物花粉管被识别和拒绝的时间一般在受精前或受精后的很短一段时间内（Seavey & Bawa，1986；Barrett，1998；Gibbs & Bianchi，1999；Sage & Sampson，2003；Allen & Hiscock，2008）。早期研究认为 LSI 现象在被子植物中十分罕见，但现今资料发现它在被子植物中分布十分广泛（Barrett，1988；Gibbs & Bianchi，1999；Sage，et al.，2006）。由于 LSI 常出现在较原始的被子植物科、属中，一些学者认为它是自交不亲和系统的演化起源，是一种比柱头型或花柱型自交不亲和更原始的状态（Kenrick，et al.，1986；Sage & Sampson，2003；Allen & Hiscock，2008）。Seavey & Bawa（1986）最早提出 LSI 现象普遍存在于被子植物中，他们列举了来自 16 个科的 20 种植物来说明这种现象。晚期自交不亲和既可以是合子形成前（pre-zygotic），也可以是合子形成后（post-zygotic），这两种作用机制共存（Seavey & Bawa，1986）。在合子前的晚期自交不亲和机制中，自交花粉管能生长至子房或穿透胚珠，但不发生受精作用。如可可树（*Theobroma cacao*）自交花粉的花粉管能生长进入胚珠，但雄配子未能与卵结合（Knight & Rogers，1955）；树胶状相思树（*Acacia retinodes*）自交花粉的花粉管被珠心组织阻断，而不能形成合子（Kenrick，et al.，1986）。合子后的晚期自交不亲和是指自交花粉的精细胞能与卵细胞结合形成合子，但在受精作用发生后的很短时间内，母本基因型与合子基因型相互作用发生主动的败育。比如在鲨鱼掌属（*Gasteria*）和杜鹃花属（*Rhododendron*）植物中观察到自交花粉授粉后胚乳开始分裂，能形成合子，但合子不能分裂，随后胚和胚乳败育（Sears，1937；Williams，et al.，1986）。紫葳科的火焰木（*Spathodea，campanulata*）（Bittencourt，et al.，2003）、黄钟木属（*Tabebuia*）（Bittencourt & Semir，2005）、蓝花楹属（*Jacaranda*）（Bittencourt & Semir，2006）以及南美掌叶木（*Cybistax antisyphilitica*）（Bittencourt，et al.，2011）等，都是这种合子后的晚期自交不亲和类型，在初生胚乳核分裂几次后，休眠的合子尚未开始分裂前，雌蕊便统一脱落。由于典型的自交不亲和系统都是合子前的作用机制，所以有些学者用自交不育（self-sterility）的概念来描述这种受精作用发生后雌蕊败育的现象（Sage，et al.，1999；Allen & Hiscock，2008；Valtuena，et al.，2010），因为很难区分这种雌蕊的败育到底是由于晚期表现的 SI 引起的，还是由早期表达的近交衰退（early-acting inbreeding depression，EID）引起，或者是两种机制同时存在一起作用导致的（Seavey & Bawa，1986；Sage，et al.，1994；Valtuena，et al.，2010）。虽然在表现上两者有相似之处，都能导致自交授粉后不久雌蕊或幼果的统一脱落，但本质上却有很大区别：LSI 是自花花粉与雌蕊之间的主动识别与拒绝机制，EID 是由隐性有害基因的纯合导致的（Seavey & Bawa，1986；Klekowski，1988；Sage，et al.，1994；郝祎祺、赵鑫峰，2011）。区分两者一直是个难题，不少学者综述过许多如何分辨这两者的方法（Seavey & Bawa，1986；Sage，et al.，1994；Bittencourt，et al.，2005；郝祎祺、赵鑫峰，2011）。

与 GSI 和 SSI 相比，对 LSI 的遗传学和生理学机制研究尚浅。现今普遍认为 LSI 是一种类似于经典的GSI或SSI，由具有复等位基因的单一位点控制或少数几个位点控制的SI体系（Sage, et al., 1994；Allen, et al., 2008；郝祎祺等，2011）。比如：早期对Theobroma cacao的研究认为其自交不亲和是由3个不连锁的位点控制的既有孢子体也有配子体的方式（Cope, 1958, 1962；Knight, et al., 1955；Jacob, 1980）。*Gasteria* spp. 的自交不亲和由2个以上位点配子体机制操控（Naarborg, et al., 1991）。Lipow & Wyatt通过双列杂交实验证明*Asclepias exalta*的self-sterility是单一位点控制，但并未说明是孢子体型还是配子体型（Lipow, et al., 2000）。但Sage, et al. 对*Narcissus triandrus*和*Ipomopsis aggregata*的研究认为它们的self-sterility并非经典的SI反应机制，而是一种合子前的花粉或花粉管与雌蕊组织间长距离信号转导体系，表现为未成熟胚珠在自交花粉管到达前，即因缺乏生长所必需物质的刺激而败育，使得可用于受精的有效胚珠数量减少（Sage, et al., 1999, 2006）。

紫葳科是LSI现象的典型代表之一，虽然本科植物中仅有少于7%的植物生殖系统被研究过，但其中85%以上的植物具有SI，且大多数被认为是LSI（Gibbs, et al., 1999；Bittencourt, et al., 2003, 2004, 2005, 2006, 2010, 2011）。它们通常表现为自交花粉管在柱头和花柱中，能够像异交花粉管一样正常生长，且能进入子房并穿透大多数胚珠完成双受精，但雌蕊仍在授粉后很短时间一段时间内统一脱落。虽自交授粉胚珠穿透率和胚乳初期发育速度明显慢于异交，但未见胚珠或胚囊结构发育异常，暗示存在合子后LSI机制而非EID机制（Gibbs, et al., 1999；Bittencourt, et al., 2003, 2004, 2006；Bianchi, et al., 2005），虽至今尚无紫葳科LSI植物遗传学本质的研究，但Bittencourt等根据*Spathodea campanulata*表现出的受精作用前花粉管生长的相对迟缓，推测*S. campanulata*或其他紫葳科具有LSI特性的植物，它们的LSI可能是由少数几个主基因控制的配子体机制（Bittencourt, et al., 2003）。

楸树是我国特有的乡土树种，也是珍贵优质用材树种和著名园林观赏树种，其分布广、适应性强、利用价值高，集药用、材用、观赏、环保等于一身，自古就有“木王”美誉。楸树因材质优良而加剧了对它的开发利用。然而，长期以来采伐利用多，栽培相对较少，又缺乏应有的重视和系统研究，致使其自然分布面积不断减少，种质资源急剧下降，处于濒危植物的边缘（郭从俭，1988）。近几十年来，不少学者对楸树的主要生物学特性、种质资源现状、良种选育、繁殖技术、造林技术等方面开展了较为系统的研究，并取得了初步成果（潘庆凯等，1991；郭从俭等，1988, 1994；乔勇进等，2003；邵明丽等，2006；中国树木志编委会，1981）。但是，由于楸树自花不孕，往往只开花不结实，种子发芽率低。因此，现阶段的楸树良种选育工作多采用无性繁殖技术。比如，河南省林业科学院、周口市楸树研究所，以嫁接、埋根催芽为主要技术手段，先后选育了“豫楸1号”“豫楸2号”“豫楸3号”“周楸1号”“周楸2号”等优良无性系品种，并应用于生产实践（郭从俭等，1994；杨玉珍等，2006；王新建等，2005）。虽然采用嫁接、埋根、扦插等技术手段已经选育出一批楸树的优良无性系，在一定程度上满足了人们对径材的需要，并且广泛应用于荒山造林、园林绿化等，产生了良好的市场反应。但楸树“花而不实”，自然状态下很难通过种子繁殖，而人们又习惯于采用无性生殖的方法进行大面积的人工栽植，结果导致同一地区的楸树属于同一无性系，无疑造成地域性的楸树基因型单一、种质资源匮乏的局面，极大地限制了该树种的发展。

针对楸树“自花不育”的情况，20世纪70—80年代，以南京林业大学叶培忠先生为首的植物教研组，曾做过一系列的探索性工作，他们通过人工授粉，进行种内和种间杂交并获得了杂交种子，经过播种育苗试验，培育了楸树第一代杂交实生苗（叶培忠等，1980）。但是，由于种种原因，这些苗木没有得到妥善的安置，致使一手资料丢失，进一步的研究没能继续。根据他们的研究，认为楸树具有“自交不育”的特性，种内和种间杂交是提高楸树结实率的有效方法。樊汝汶等（1980）通过对滇楸进行胚胎学研究发现，滇楸的子房受精率很高，人工自交授粉后48小时即有90%以上的成熟胚囊中有花粉管，认为滇楸是自花可育的。在一些地区之所以会出现“花而不实”的现象，除一方面因天气因素造成的授粉不足，主要原因是长期以来的无性根蘖苗繁殖的方法致使雌、雄配子体活力下降，机能衰退。所以，提高结实率的方法：一是提高授粉量，二是通过培育实生苗来提高植株本身的生活力，使雌、雄配子体的活力和机能逐渐增强。在此基础上樊汝汶等（1988）又对楸树和滇楸的花柱进行了组织形态学对比研究，得出楸树的花柱引导组织发育程度比滇楸弱，引导组织发育最旺盛的时期已是自然传粉后期，这可能是楸树“花而不实”的一个重要原因。

总结前人对楸树的研究报道发现，楸树发展受限的起因在于其普遍存在的“花而不实”现象。因为种子繁殖困难，所以自古以来各地一直沿用根蘖繁殖的方式人工栽植，长期以来形成地域性树种基因型单一、病虫害现象严重、种质资源匮乏的局面。解决上述问题的关键在于查明其“花而不实”的原因和作用机制，并采取有效措施克服其自然结实困难的问题。然而，前人的研究多数都回避了研究周期较长、取材相对困难的有性生殖途径，而着眼于推广无性繁殖技术；少数关注有性生殖途径的研究，由于受客观条件影响并未深入开展下去。但无论是叶培忠或是樊汝汶先生对梓属植物有性繁殖方面所做的开拓性实验研究，都为我们进一步开展楸树生殖生物学相关方面的研究奠定了良好的基础。基于此，本书一方面对楸树生殖过程进行胚胎学观察，对其繁育系统特征进行研究，以期从个体、种群和环境三方面分析、解答楸树林分常年不能自然结实的问题；另一方面积极开展种内、种间杂交育种实验，以期解决楸树有性繁殖困难的问题。对楸树繁育系统类型及特征的研究，不仅将有助于揭示楸树自然状态下不结实的机制，还填补了国内外对梓属植物此方面研究的空白。研究结果一是丰富了梓属植物生殖生物学研究的资料，二是为开展种内、种间杂交育种，实现种质资源创新提供理论依据。

# 第2章　楸树物候特征及花芽分化的研究

物候是指植物为了适应气候条件的节律性变化而形成与此相应的植物发育节律，物候学是一本“生命脉搏”的教科书（Bradley，et al，1999）。植物物候的观测国外始于中世纪。瑞典著名植物学家林奈（Carlvon Linné）是西方物候学的奠基人，他在《植物学哲学》一书中第一次明确阐述了物候观测的目的和方法，并描述了植物的发育期（葛全胜等，2010）。在植物物候期观测中，通常将树木物候划分为四个时段，即芽期、绿叶期、花期、果期（种子期）。在具体的研究中，为了更好地了解各发育期的特征，又将乔木和灌木的生长发育期细分为：萌动期（芽开始膨大期、芽开放期），展叶期（开始展叶期、展叶盛期），开花期（花序或花蕾出现期、开花始期、开花盛期、开花末期、第二次开花期），果熟期（果实成熟期、果实脱落开始期、果实脱落末期），叶秋季变色期（叶开始变色期、叶全部变色期），落叶期（开始落叶期、落叶末期）（张福春，1985；徐雨晴等，2004）。掌握植物的物候期，可以为树木引种、选种及栽培提供生物学依据，为病虫害防治提供参考，具有重要的理论和现实意义（徐雨晴等，2004；石雅琴等，2009）。对植物物候期，特别是花期物候的了解，是进行植物生殖生物学研究的基础；建立植物生长发育过程的外部形态与内部结构的对应关系，对于指导各生长期的采样具有重要意义。

花芽分化包括花序的建成和花器官的奠基与组织分化，是有花植物发育中最关键的阶段，同时也是一个复杂的形态建成过程。早期 Lang（1952）将成花过程分为四个阶段：①花发端（Flower initiation），指花原基（Flower primordium）开始分化；②花器官分化（Flower organization），指花器官（萼片、花瓣、雄蕊、雌蕊）的分化；③花成熟（Flower maturation），包括花器官生长，性细胞分化并产生花粉、胚囊及雌、雄配子的过程；④开花（Anthesis）。前两个阶段为形态分化（morphological differentiation），合称为花芽分化（Flower differentiation）；后两个阶段合称为发育（development）。花芽的数量和质量直接影响植物的观赏性和经济价值（吴莉英等，2007）。花芽分化和发育程度与植物的育性紧密相关（李瑾，2007）。掌握花芽分化及发育的规律，对于保证花质量、数量，以及对花期进行人工调控都具有指导意义（David，et al，1990；陈旭辉等，2009）。植物生殖活动的起点是花芽的分化，雌、雄生殖器官分化与发育的时空对应关系不仅由自身基因型决定，同时也受周围环境因子的影响，不同地区同种植物的花芽分化过程可能略有不同，不同植物的花芽分化过程及时间差异显著。

本章以连云港后云台山国家森林公园内楸树为研究对象，通过对其连续3年的野外观察，对该地区楸树的物候特征进行了详细描述和总结。在此基础上，对有性生殖活动的开端——花芽分化过程，进行了外观形态的观察和组织结构解剖分析，描述了楸树混合芽发育及花芽分化的形态学特征，首次建立了楸树花芽分化进程外观形态和内部结构的相互对应图谱，对确定楸树有性生殖过程的采样时间具有一定的指导意义。

## 2.1 材料与方法

### 2.1.1 材料

供试材料为连云港后云台山国家森林公园内（119.28°E，34.43°N）的成龄楸树（*Catalpa bungei* C. A. Meyer）。云台山地处暖温带和北亚热带过渡区域，气候独特，地理条件优越，物种资源非常丰富，是江苏省主要的野生物种种质资源库。本实验地位于后云台（北云台）山体，黄窝山系北侧的一座山头，海拔高度约为142 m。该地区楸树资源丰富，群体、个体表型优良。本实验于2008—2010年间，先后选取5株生长健壮，树高在15 m以上的成龄楸树为采样株。据资料记载和作者实地调查，该地区森林公园内的楸树常年“花而不实”，从未见自然结实情况发生。

### 2.1.2 方法

**1. 物候期观察**

参考《中国物候观测方法》（宛敏渭等，1979），并根据紫葳科植物的生长生活习性，在展叶至坐果期间2~3 d观察一次，其他时间3~5 d观察一次；于2008—2010年3年内连续观察、记录。

**2. 样品采集**

选择森林公园内生长健壮的2株成年植株为采样株，于2008年3月下旬休眠芽萌动开始，至5月上旬开花为止，每天或隔天采集树冠中上层向阳面一年生枝条的第一轮腋芽（此芽为混合芽，发育生成当年生枝条和花序）。测量腋芽长、宽，并将每次采集的样品按大小整理、分级，制样时每级至少选取3个样品重复。所有样品用50%或70%酒精配制的FAA固定，4℃冰箱保存待用。

**3. 制样方法**

（1）光学显微石蜡切片样品制备：参照李正理（1987）和杨捷频（2006）的制片方法，将固定好的混合芽取出用水冲洗，较小材料采用梯度酒精+正丁醇脱水透明，较大或较硬材料经10%乙二胺软化后再用梯度酒精脱水、二甲苯透明，切片厚度6~8 μm，番红-固绿对染，中性树胶封片。Leica DM-5000B显微镜明视场状态下观察并拍照。

（2）扫描电镜样品制备：蒸馏水洗掉FAA，乙醇系列脱水，临界点干燥，粘台，离子溅射仪喷金，FEI Quanta-200扫描电镜下观察拍照。

# 2.2 结果与分析

## 2.2.1 楸树物候期特征

根据 3 年的连续观察，将楸树物候期划分为如下几个时期（表 2-1），并将各时期树体特征总结如下。

表 2-1　2008—2010 年间楸树的物候期划分

Table 2-1　Phenophase of *Catalpa bungei* C. A. Meyer from 2008 to 2010 years

| 物候期 | 2008 | 2009 | 2010 |
| --- | --- | --- | --- |
| 芽膨大期 | 03. 14~03. 22 | 03. 15~03. 22 | 03. 16~04. 11 |
| 展叶期 | 03. 23~05. 10 | 03. 23~05. 09 | 04. 12~05. 17 |
| 花序形成期 | 04. 05~04. 28 | 04. 02~04. 26 | 04. 16~05. 05 |
| 开花期 | 04. 29~05. 13 | 04. 27~05. 14 | 05. 06~05. 20 |
| 果期（人工杂交果） | 05. 07~10. 18 | 05. 05~10. 24 | 05. 14~11. 2 |
| 落叶期 | 10. 22~11. 21 | 10. 25~11. 19 | 10. 29~11. 23 |
| 休眠期 | 11 月末至翌年 3 月 | 11 月末至翌年 3 月 | 11 月末至翌年 3 月 |

**1. 芽膨大期**

3 月中上旬，随着气温的回升，日均温达 8~10 ℃，楸树的枝条逐步返青。此时位于一年生枝条花序下方的第一轮芽体积逐渐膨大并脱去硬质的芽鳞，露出柔软的红褐色尖端。第二、三轮芽仍保持休眠的状态。但偶尔也会有第一轮芽中仅一个或全部不膨大，而是第二轮芽中的一或两个芽膨大。膨大的芽多为混合芽，发育形成当年生枝条和花序。起初，膨大的芽体呈馒头状，横径大于纵径；经过 4~7 d 的生长，纵径逐渐伸长成为椭球形；之后纵向生长变缓，横向生长加快，紧抱的芽鳞片被横向的生长力撑开，进入芽开放期。此时，拨开一层层鳞片即可看到叶序轴和幼叶原基，随着叶序轴的生长，楸树很快进入展叶期。

**2. 展叶期**

3 月下旬，日均温为 10~12 ℃，此时的混合芽逐渐横向打开，进入展叶期。起初，叶序轴并未伸展，所有的 3~4 轮叶片层层包裹在一起；逐渐叶序轴伸长，幼叶迅速生长。随着气温的升高，展叶的速度进一步加快，叶面积不断增加，叶色逐步加深。到 5 月中旬，花期前后，进入完全展叶期。

**3. 花序形成期**

楸树芽为混合芽，花序着生于芽体顶端。在 4 月上旬，展叶初期，当 3~4 轮叶片尚未完全打开时，扒开叶片即可见花序原基。此时日均温达 15 ℃左右，花序原基迅速生长，不断分化出一轮轮小花原基，随着花序轴的伸长，小花原基从一个平面逐渐分成 2~3 层，每层 3 朵小花，呈正三角形排列。层与层之间呈互生关系，与叶片的排列方式相同。

**4. 开花期**

一般在5月上旬，日均温达20 ℃左右时，楸树进入花期。通常单株的花期为10~13 d，林分花期持续15~17 d，分为初花期、盛花期、落花期。初花期为2~3 d，从零星开花到1/3以上花朵开放；盛花期为4~5 d，60%~80%的花朵开放；落花期为5~7 d，此时位于花序顶端的20%~30%的花朵开放，而花序下层花朵开始凋落，直到整个花序上的花朵都凋谢大概需1周时间。

**5. 果期**

该地区楸树自然状态下不结果，此处果期为人工杂交果生长发育阶段。5月上中旬人工授粉后5~6 d，一些不能成功坐果的子房脱落完毕，剩余的果荚逐渐膨大、伸长。6~7月，逐渐进入夏季，日均温在30 ℃左右，果荚的长度迅速增长。7月进入盛夏后，日均温达35 ℃，果荚的长度变化放缓，宽度、硬度逐渐增加。8~9月，果荚由浅绿色逐渐变为深绿色，且硬度进一步增加。10月以后，果荚由绿色变为褐色，并逐渐失水干枯，此时种子已成熟，种皮会随着果荚一起失水，种子逐步进入休眠状态。最终在10月下旬至11月上旬，果荚开裂，种子飞散。一般在种荚开裂前即进行采种，以防种子散落。

**6. 落叶期**

10月下旬，气温下降明显，日均温为15~18 ℃，此时楸树的叶片逐渐变黄、变软，开始零星凋落。至11月下旬，叶片全部脱落，当年生枝条由绿褐色变为灰褐色，进入越冬休眠期。

**7. 休眠期**

11月下旬开始，树体进入休眠期，树叶全部落光，树体合成与代谢速度减慢，进入相对缓慢的生长阶段。

### 2.2.2 楸树混合芽的花端分化

本实验地楸树的一年生枝条上一般着生3轮芽，每轮3个腋芽，位于顶端的一轮腋芽比位于下方的两轮芽体积明显要大，为混合芽，发育生成当年生枝条和花序。下两轮腋芽体积较小，将一直处于休眠芽状态。但也有一年生枝条上顶端一轮的3个芽中只有1个或没有体积较大的芽，而是第二轮芽中有2个或3个芽体积较大，发挥顶轮芽一样的混合芽的功能。每年3月上旬或中旬，随着温度的上升，这些体积稍大的腋芽逐渐退去木质化芽鳞进入新一轮的叶片生长与分化阶段（图版Ⅱ-1-1）。由混合芽的芽轴顶端分生组织分化出三轮鳞叶和三轮茎叶片，每轮3枚，层与层之间互生，整齐排列在芽轴上，如图版Ⅱ-1-2、图版Ⅱ-1-3所示，分别为混合芽纵切和横切面。3月下旬，芽轴顶端由营养生长转化为生殖生长，芽轴顶端生长锥逐渐由尖变宽变圆，进入花序原基分化阶段（图版Ⅱ-1-4、图版Ⅱ-1-5）。

**1. 花序轴的分化**

生殖顶端形成层细胞先分化出一轮3个等大的苞片原基（图版Ⅱ-1-6）。在每个苞片原基内侧形成1个半圆形突起，即为小花原基（图版Ⅱ-1-7）。花序轴通常分化出 3 轮（也有的花序轴仅分化出 1 轮或 2 轮）这样的苞片原基和小花原基，各轮小花原基呈三角形整齐地排列在花序轴上，轮与轮之间如同叶片一样互生，每轮 3 个小花原基发育基本同步，轮与轮之间发育不同步，由下往上呈现出向顶发育的特征（图版Ⅱ-2-1）。

**2. 花器官的分化**

小花原基以花萼原基→雄蕊原基→花冠原基→雌蕊原基的顺序分化形成整朵小花的所有花器官。

（1）花萼原基的分化。最初小花原基为馒头状的半圆形突起，随着顶端形成层细胞的不断分裂，小花原基体积不断增大，生长点继续升高，随后在生长锥下部周沿形成 5 个隆起，并与中央渐渐分离，形成花萼原基（图版Ⅱ-1-8，图版Ⅱ-2-2）。花萼原基经过平周和垂周分裂增加长度和宽度，隆起点逐渐融合形成一个不太明显的环（图版Ⅱ-2-3）。

（2）雄蕊原基的分化。在花萼原基分化不久，小花原基宽阔的中央生长区又形成 5 个扁圆形突起，即雄蕊原基（图版Ⅱ-2-3）。5 个突起的雄蕊原基中，先形成两个较大的突起，最终发育成可育雄蕊（图版Ⅱ-1-9）；随后分化出 3 个较小的突起，发育成退化雄蕊（图版Ⅱ-1-10）；3 个退化雄蕊原基起初看不出差别，但后来位于中间的那个退化雄蕊发育速度明显慢于两侧的 2 个退化雄蕊（图版Ⅱ-2-4、图版Ⅱ-2-5、图版Ⅱ-2-6）。

（3）花冠原基的分化。随着雄蕊原基的不断分裂分化，位于其低端的形成层细胞不断向外侧平周和垂周分裂，形成花冠裂片原基；5 个花冠裂片原基，先分化出上唇 2 裂片原基，随后是下唇 3 裂片原基，它们共同组成一个五边形，与雄蕊原基互生排列（图版Ⅱ-1-11，图版Ⅱ-1-12，图版Ⅱ-2-6）。

（4）雌蕊原基的分化。最后分化的是位于小花原基中央的雌蕊原基，它由位于花顶端中心部位的分生组织分化而来。当位于雄蕊原基底面外侧的分生组织分化出花冠裂片原基的同时，内侧的分生组织也逐渐隆起形成两个大小不等的半环，为二心皮原基（图版Ⅱ-1-11，图版Ⅱ-2-5）。二心皮原基边生长边卷和在一起，形成下端略宽于上端的圆锥形雌蕊原基，原基中心呈现出一个明显的凹（图版Ⅱ-1-12，图版Ⅱ-2-6）。至此，整个小花的所有花器官原基分化完全。

随后，各花器官原基不断生长，形成小花的各部分：花萼原基在花蕾期形成啮合状的萼片，完全将花顶端包覆起来，角质化的萼片对整个花蕾起到良好的保护作用（图版Ⅱ-2-7）。花开时萼片深二裂，卷迭式覆瓦状排列的 5 枚花冠裂片打开，裂片基部合生并不断伸长形成花冠筒（图版Ⅱ-2-8）。5 枚雄蕊原基从分化初期开始，可育雄蕊原基的发育速度明显快于不育雄蕊，当可育雄蕊原基分化形成花丝、花药时，不育雄蕊原基发育迟滞，最终未出现花药的分化（图版Ⅱ-2-7、图版Ⅱ-2-8、图版Ⅱ-2-9）。雌蕊原基最终分化出舌状二裂柱头和细长的花柱（图版Ⅱ-2-7、图版Ⅱ-2-10），圆柱状的子房（图版Ⅱ-2-7、图版Ⅱ-2-11），子房内着生多个倒生胚珠（图版Ⅱ-2-12）。

**3. 混合芽分化各时期内外形态对应关系**

表 2-2 所示是 2008 年连云港楸树 1 号和 2 号采样株混合芽的外部形态特征与内部

结构分化时期的对应关系表。从芽体形态变化看，楸树混合芽从休眠期进入叶片分化期后，芽体长宽比有明显增大，说明此时新萌生的叶片伸长生长迅速。进入花序原基分化期，叶片纵向伸长的速度放缓，由于花序原基分化出几轮小花原基形成花序轴而使芽体的体积横向增大。随后的花序轴分化期，芽内的居间生长速度加快，芽体明显纵向延长，长宽比再次增大。在此之后芽体的长宽比有所减小，因为此时树体更多的营养用来供应花序轴上各朵小花花器官原基的分化，而放缓了抽枝展叶的速度，所以直到花朵开放，当年生枝条上的叶片依旧未发育完全，只是浅绿色或黄绿色，直到花期过后叶片才进入完全展叶期。

**表 2-2　混合芽分化过程的外部形态与内部结构对应关系**

**Table 2-2　The corresponding relationship between external morphological characters and inner structure during the mixed bud differentiation**

| 采样时间（月·日） | 芽长×宽（cm） | 外部形态特征 | 内部分化期 |
|---|---|---|---|
| 3. 10 | 0. 21×0. 15 | 木质化芽鳞呈覆瓦状排列，肉眼看不到芽轴顶端的生长分化（图 2-1-1） | 休眠芽萌动期 |
| 3. 14~3. 25 | 0. 44×0. 31 | 木质化芽鳞脱落，芽轴分化出新的鳞叶和茎叶（图 2-1-2） | 叶片分化期 |
| 3. 26~3. 28 | 0. 51×0. 44 | 紧抱芽轴的鳞叶逐渐松动（图 2-1-3） | 花序原基分化期 |
| 3. 29~3. 31 | 0. 88×0. 53 | 鳞叶松动、展开，芽体纵向伸长（图 2-1-4） | 花序轴分化期 |
| 4. 1~4. 5 | 1. 2×0. 96 | 芽体明显膨大，3 层鳞叶完全张开露出红褐色茎叶（图 2-1-5） | 花器官原基分化期 |

**图 2-1　混合芽分化的外部形态特征**

Fig. 2-1　The external morphological characters of mixed bud differentiation

1. 休眠芽萌动期；2. 叶片分化期；3. 花序原基分化期；4. 花序轴分化期；5. 花器官原基分化期

1. Dormant bud germination; 2. Leaf differentiation; 3. Inflorescence primordium differentiation; 4. Rachis differentiation; 5. Floral organs primordium differentiation

# 2.3　结论与讨论

## 2.3.1　楸树物候期特征

关于楸树的物候期特征，潘庆凯等（1991）曾有过总结，然而《中国植物志》中对楸树（*C. bungei* C. A. Meyer）物候期的描述与之略有不同，主要表现在树高、花色、花期等方面。由于《中国植物志》中的模式标本采自北京，故与本研究观测的楸树在树形、花期等方面存在一定的差异。本研究楸树位于连云港云台山区，高达 18~25 m，花期为 5 月上旬，各方面更接近潘庆凯等人的描述，只是花色为淡紫红色，具深紫色斑点和亮黄色条纹的特点与《中国植物志》中的描述相同。

从物候期的划分和各生长期持续的时间来看：如果从春梢萌动开始视为楸树新的一年营养生长的开端，而以树体进入休眠期开始视为营养生长的结束。那么楸树营养生长期仅比生殖生长期长 1 个月。生殖生长初期，树体的贮藏营养主要用于满足生殖的需要，而放缓抽枝展叶的速度，可见此阶段，两者的竞争以生殖生长占优势。果期（人工杂交果）的开始也是展叶完全期的开始，此时叶片已能充分发挥光合作用制造养料的功能，正是树体营养代谢旺盛时期。而果实在这段时期也进入了迅速生长和分化阶段。叶片制造的能量除了供给枝条和树干生长外，还要供给额外的大量杂交果实的生长所需。可见此时营养生长和生殖生长处于一种供养和被供养关系，营养生长充当生殖生长的“能源站”，为其提供生殖保障。

## 2.3.2　楸树花芽分化的特点

楸树的花芽分化具有时间短、速度快的特点。从混合芽顶端分化出花序原基开始到每朵小花分化形成花器官原基仅需 10 d，而花器官原基从最初分化到成熟也只需 1 个月左右时间。2 株采样株花芽分化开始的时间略有不同，单株楸树的不同花序开始分化的时间也不同，但同一植株上的所有花序基本在同一时间完成花芽分化，不同植株花芽分化完成的最终时间也不过相差 1~2 d。这保证了群体花开放的整齐性，形成楸树“大量花爆发式开放”的开花类型。张国良等（2000）在对杏花芽分化的研究中发现，较迟分化的芽从开始分化到雌蕊分化完成所经历的时间比较早分化的芽短得多。本试验中，也发现虽然有些花芽进入花序原基分化期的时间比较晚，但其小花的分化进程要明显快于先分化出花序原基的花芽。

通常花器官出现的顺序是自下而上陆续发生，即萼片→花瓣→雄蕊→雌蕊（谢成章，1984）。但往往各花器官的生长速率不同，如花瓣可能在雄蕊之前出现，但发育较迟，其主要生长时期只发生在雄蕊完全停止生长之后，有时花瓣和雄蕊还可能在开花前的一个短时间内加快生长（陈机，1992）。楸树花器官原基的分化顺序是：花萼→雄蕊→花冠→雌蕊。并没有像通常花朵分化一样按照：花萼→花冠→雄蕊→雌蕊这样由外而内的分化顺序（陈机，1992）。这样的分化顺序与同属的黄金树略有不同（陈旭辉等，2009）：①楸树 3 枚退化雄蕊原基出现的时间几乎与可育雄蕊同时，雄蕊原基的分化先于花冠裂片原基，不像黄金树退化雄蕊原基的出现明显晚于 2 枚可育雄蕊原基，在下唇三裂花冠原基分化后才出现；②楸树 5 枚花冠裂片原基的发生顺序是先出现上唇二裂花冠原基，后出现下唇三裂花冠原基，这与黄金树先出现下唇三裂花冠原基，后出现上唇二裂花冠原基正好相反。

另外，楸树各花器官原基的分化时间存在交叉。例如，虽然 2 枚可育雄蕊原基的出现早于花冠裂片原基，但 3 枚退化雄蕊原基的出现与花冠上唇二裂片原基的出现几乎同时，甚至稍晚一些；花器官原基分化后期，雌蕊二心皮原基的分化晚于花冠上唇二裂片原基的分化，但几乎与下唇三裂片原基同时出现。

整个花器官分化过程迅速而流畅，除了 5 枚雄蕊原基中有 3 枚提前退化，其他各花器官的分化均未见异常。所有采集的样品中均未观察到任何因花芽早期分化异常导致的败育。从花器官分化顺序来看，雄蕊的分化与发育早于雌蕊，但雌蕊后期发育速度较快，所以花开放时雌雄蕊几乎同熟。像楸树这样大量花同放，且雌雄蕊同熟的植株，按理说只要传粉者效率高，多数花朵是有很大的概率完成传粉受精的。然而，据我们观察楸树在自然状态下传粉成功率并不高，且充分传粉后的花朵也不能结实。可见，连云港地区楸树不结实的原因，应从其生长环境、传粉者和植物本身三个角度寻找原因。

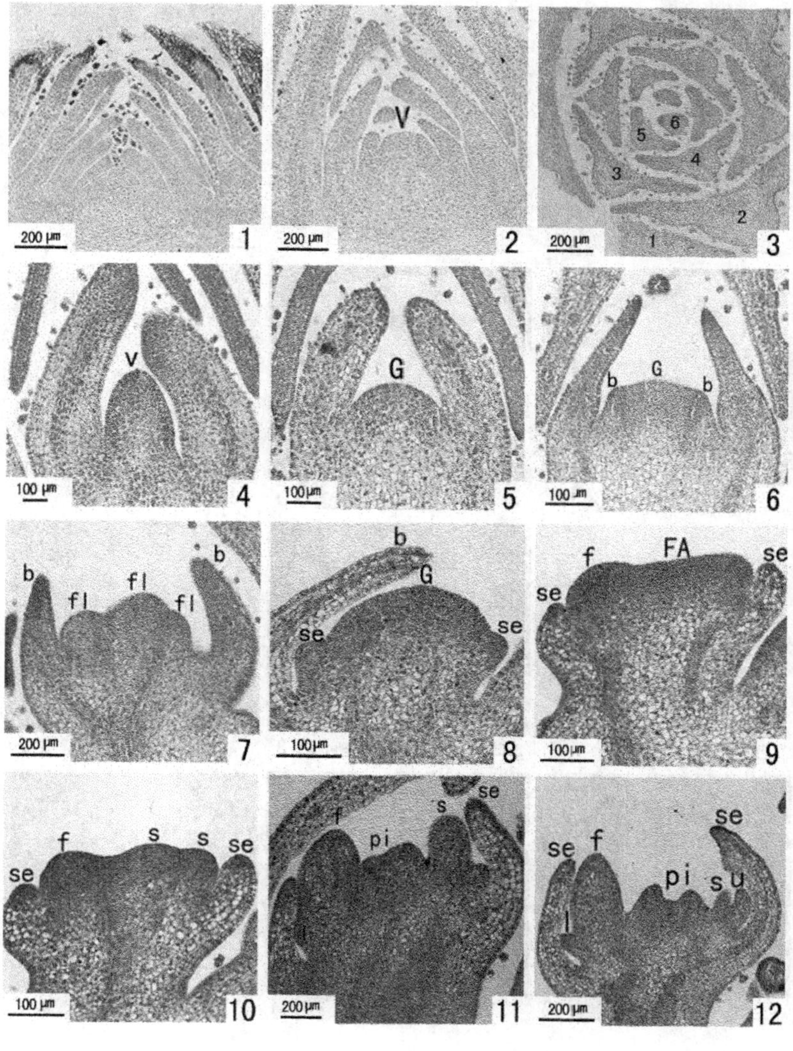


图版Ⅱ-1

V. 营养茎端；G. 生殖茎端；FA. 花顶端；b. 苞片；f. 可育雄蕊；fl. 花原基；l. 侧裂花冠；pi. 雌蕊；se. 花萼；s. 不育雄蕊；u. 上唇花冠裂片

V. Vegetative apex; G. Generative apex; FA. Floral apex; b. bract; f. fertile stamen; fl. floral primordium; l. lateral corolla lobe; pi. pistil; se. Sepal; s. Sterile stamen; u. Upperlip corolla lobe

1. 休眠芽萌动期；2. 叶片分化期；3. 混合芽横切面；4. 营养茎端；5. 生殖茎端；6. 苞片分化期；7. 花序原基分化期；8. 花萼原基分化期；9. 可育雄蕊原基分化期；10. 不育雄蕊原基分化期；11. 花冠裂片原基分化期与雌蕊二心皮原基分化初期；12. 雌蕊原基分化期

1. Dormant bud germination; 2. Leaf differentiation; 3. Transverse section of mixed bud; 4. Vegetative apex; 5. Generative apex; 6. Bract differentiation; 7. Inflorescence primordium differentiation; 8. Sepal primordium differentiation; 9. Fertile stamen primordium differentiation; 10. Sterile stamen primordium differentiation; 11. Corolla lobe and initial carpel primordium differentiation; 12. Pistil primordium differentiation

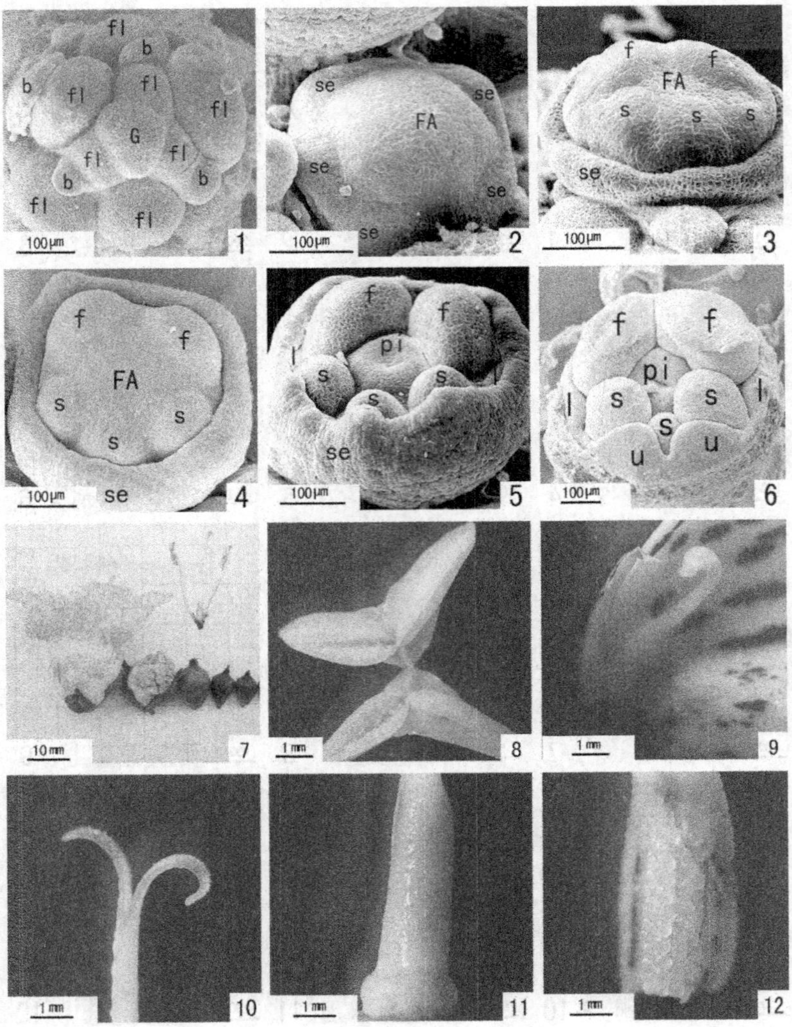


图版Ⅱ-2

1. 花序轴的分化；2. 花萼原基分化初期；3. 花萼原基合生与雄蕊原基分化初期；4. 雄蕊原基分化期；5. 花冠原基与雌蕊二心皮原基分化初期（未除花萼）；6. 花冠原基与雌蕊原基分化后期（去花萼）；7. 花萼、花冠、雄蕊、雌蕊分化完成时形态；8. 花药；9. 不育雄蕊；10. 二裂柱头；11. 子房；12. 胚珠

1. Rachis differentiation; 2. The initial sepal primordium differentiation; 3. Sepal syncarpous and initial stamen primordium differentiation; 4. Stamen primordium differentiation; 5. Corolla lobe and initial carpel primordium differentiation; 6. Corolla and pistil primordium differentiation; 7. Sepal, corolla, stamen, and pistil; 8. Anthers; 9. Sterile stamen; 10. Biloba stigma; 11. Ovary; 12. Ovular

# 第3章　楸树大小孢子发生与雌雄配子发育的研究

植物的有性生殖对于其生命的延续和种群的拓展起决定性作用，种子的形成需要经过花芽的分化、大小孢子的发生、雌雄配子体的发育、受精、胚和胚乳的正常发育等过程，任何环节上出现问题都会导致生殖的失败。雌、雄性生殖器官的发育程度决定着传粉受精是否能够顺利进行，同时也是胚后发育的前提和物质基础。梁春莉等（2005）认为雄性或雌性生殖器官不育是引起种子败育的主要胚胎学原因之一，指出雄性不育包括花药退化、花粉败育、绒毡层细胞结构异常等；雌性不育主要表现为雌性器官形态结构异常、大孢子母细胞及营养器官退化。许多濒危或渐危植物之所以濒危的原因很大程度上与雄性或雌性生殖器官的败育有关（李隐生等，1986；张寿洲等，1997；何田华等，1998；尹增芳等，1997，1998；刘林德等，1998a，1998b，1998c；王仲礼等，1998a，1998b，1999；潘开玉等，1999；王保明等，2000；潘跃芝等，2001，2003；唐源江等，2003；胡国富等，2005；王亚玲等，2008）。本文首次对楸树大、小孢子发生和雌、雄配子发育过程进行研究，以查明其是否存在雄性或雌性不育现象。

## 3.1　材料与方法

### 3.1.1　采样方法

供试材料楸树（*Catalpa bungei* C. A. Meyer），采自连云港云台山国家森林公园内（119.28°E，34.43°N）。分别于2009年和2010年，自4月初花器官原基开始分化起，至5月上旬开花为止，每天或隔天上午8：00~9：00采集树冠中上层向阳面5个花序。测量花序各层花蕾纵、横径，并按直径大小将所有花蕾分级，分级别固定保存。固定液选用70%乙醇配制的FAA，固定前根据情况将花蕾最外层花萼划开或剥离，所有固定样品4 ℃冰箱保存，制样时每个级别选取2~3个花蕾以作重复。

### 3.1.2　制样方法

大部分材料采用常规石蜡切片法，部分胚囊采用整体透明法（杨弘远等，2001）。石蜡切片法，较小材料采用梯度乙醇+正丁醇脱水透明，较大材料选用梯度乙醇脱水、二甲苯透明，切片厚度6~8 μm，番红-固绿对染或苏木精整染，中性树胶封片。整体透明法，选用水杨酸甲酯为透明剂，样品经苏木精整染后，梯度乙醇脱水，透明剂中透明数日后直接封藏。所有切片和整体透明封片分别在 Leica DM-5000B 显微镜明视场和相差状态下观察并拍照。

## 3.2 结果与分析

楸树花两性，唇形花冠，淡红色，内有紫红色斑点和条纹，下唇有两条黄色脉纹；雄蕊 5 枚，贴生于花冠筒基部，其中 2 枚可育，3 枚退化；可育雄蕊"个"字形着药，花药 4 室，纵向开裂；子房上位，2 枚心皮合生，2 室，中轴胎座，胚珠多数，倒生；花柱细长，柱头二裂，舌状。

### 3.2.1 小孢子发生与雄配子体发育

**1. 小孢子发生**

楸树具 2 枚可育雄蕊，每枚雄蕊具 4 个小孢子囊，"个"字形两两着生于花丝两侧（图版Ⅲ-1-1）。4 月初，在花药横切面上可见 4 个裂瓣表皮下的孢原细胞经平周分裂，形成初生壁细胞和初生造孢细胞（图版Ⅲ-1-2）。后者再经平周分裂形成两列次生造孢细胞，次生造孢细胞呈多边形，体积大、胞质浓厚、核仁大而显著、核液稀薄（图版Ⅲ-1-3），由其发育形成小孢子母细胞（图版Ⅲ-1-4）。随着小孢子母细胞胼胝质壁的逐渐加厚，它由多边形变成圆球形且彼此分离，进入减数分裂期。其减数分裂过程与大多数双子叶植物相似，先后经历了减数分裂前期Ⅰ（图版Ⅲ-1-5、图版Ⅲ-1-6）、中期Ⅰ（图版Ⅲ-1-7）、后期Ⅰ（图版Ⅲ-1-8）、末期Ⅰ（图版Ⅲ-1-9），此时胞质不分裂，紧接着进入减数分裂Ⅱ的各时期（图版Ⅲ-1-10、图版Ⅲ-1-11、图版Ⅲ-1-12），最终形成正四面体形四分体小孢子（图版Ⅲ-1-13），偶尔也有左右对称形和十字交叉形，胞质分裂为同时型。

通过对同朵花内药室间、花药间小孢子发育的同步性进行比较，发现减数分裂之前的时期同步性较好，进入减数分裂期后，同步性较差。具体表现为：①同一"C"形药室内，两端弯回处的个别小孢子母细胞减数分裂时期常常比中间区域落后 1~2 个分裂期，但总体上基本保持同步；②同一药爿的 2 个药室之间，同步性进一步减弱，常相差 1~4 个分裂期；③同一花药的不同药爿间减数分裂几乎不同步，有时甚至相差整个分裂期。然而，同朵花的 2 个不同花药间发育时期基本相当。

**2. 雄配子体发育**

小孢子母细胞经减数分裂形成的四分体小孢子最初包裹在共同的胼胝质壁中，随后，胼胝质壁逐渐降解消融，小孢子继续发育，但不分离。初期小孢子体积较小，细胞质较浓，细胞核位于中央，核仁较小，核液稀薄，细胞仅有一层薄的纤维素壁。随后，小孢子逐渐形成各自的壁结构，并发生一定的收缩变形（图版Ⅲ-1-14）。以后小孢子体积逐渐增大，细胞壁加厚，双层壁结构依稀可见，核仁居中且显著增大（图版Ⅲ-1-15）。此后不久，小孢子胞质染色变浅且出现小液泡，将细胞核推向细胞壁的一侧，为单核靠边期小孢子（图版Ⅲ-1-16）。小孢子核在贴近花粉壁的位置进行不均等的有丝分裂，形成一个大的营养核和一个靠壁的小生殖核，并在二核之间形成弧形的细胞板，将细胞质分割为不均等的两部分（图版Ⅲ-1-17）。随着雄配子体的发育，生殖核与营养核之间的细胞板逐渐解体消失，生殖细胞脱离花粉粒细胞壁，向营养细胞的胞质中游离（图版Ⅲ-1-18）。最终，椭圆形的生殖细胞呈凸透镜状，紧贴在营养细胞的核膜上（图版Ⅲ-1-19）。散粉之前，生殖细胞不再发生有丝分裂，为二细胞型。

楸树四合花粉的外壁具波浪状网纹，无萌发孔，排列方式保持四分体时的形态不变。四分体小孢子形成后至单核花粉核分裂前，药室内花粉粒的发育同步性较强；单核花粉分裂形成二细胞花粉期间，同步性较差。在同一药室，经常看到单核与双核时期的花粉粒同时存在，甚至同一四合花粉中的几个花粉粒之间发育都不同步（图版Ⅲ-1-20、图版Ⅲ-1-21）。

**3. 花药壁的发育**

初生壁细胞经过一次平周分裂和多次垂周分裂形成两层细胞，内层细胞发育成绒毡层，外层细胞经平周分裂和垂周分裂，形成药室内壁和中层，之后药室内壁和中层细胞再分裂或不分裂，各形成 1~2 层细胞。在小孢子母细胞减数分裂前后，花药壁各层分化完成，自外向内分别为表皮、药室内壁、中层和绒毡层（图版Ⅲ-1-4、图版Ⅲ-1-22）。按照 Davis（1966）划分的标准，楸树花药壁发育类型属双子叶型。

花药壁各层细胞的发育随小孢子发生、雄配子体的发育而进行。表皮细胞在横切面上呈扁长方形，只进行垂周分裂以适应内部组织的扩增，在花粉母细胞减数分裂期，表皮角质层逐步增厚（图版Ⅲ-1-22）；当花粉发育成熟时，药室的表皮细胞解体，仅留波浪状残迹（图版Ⅲ-1-23）。药室内壁在花粉成熟时期，径向壁和内切向壁纤维状加厚，对花药的开裂起重要作用（图版Ⅲ-1-23）。中层通常有 1~2 层细胞，随着减数分裂的进行，中层细胞被压扁，逐渐趋于解体（图版Ⅲ-1-22、图版Ⅲ-1-23）。绒毡层为异型绒毡层，药室外侧的绒毡层细胞来源于初生壁细胞，细胞体积相对较小，双核（偶见多核），细胞质浓厚；内侧的绒毡层来源于药隔细胞，细胞体积较大，径向延长，双核或多核，液泡化程度较高（图版Ⅲ-1-22）。在小孢子母细胞减数分裂前期，绒毡层细胞通常具二核；随着减数分裂的进行，绒毡层细胞也进行核分裂而具四核、六核或更多；四分体小孢子形成后，绒毡层开始出现退化迹象，主要表现为壁降解和液泡化程度逐渐加大（图版Ⅲ-1-24）；单核花粉粒有丝分裂期，绒毡层原位解体完毕，仅留残迹（图版Ⅲ-1-21）。绒毡层解体的过程中，不断地向药囊分泌营养物质供给花粉生长，同时还形成大量乌式体，参与花粉壁结构的构建（图版Ⅲ-1-23）。

### 3.2.2　大孢子发生及雌配子体发育

**1. 大孢子发生**

楸树为 2 枚心皮卷合而成的 2 室子房，中轴胎座，每室具 100~150 枚倒生型胚珠，单珠被，薄珠心。当花蕾纵、横径分别为 5 mm 和 4 mm 时，胎座上隆起胚珠原基。不久，胚珠原基表皮下方的珠心细胞分化出孢原细胞，其体积较大，细胞质浓厚，具显著的细胞核（图版Ⅲ-1-25）。随着胚珠由直立状逐渐弯曲成 90°，孢原细胞纵向体积增大，细胞质变浓，细胞核迅速增大，直接发育成大孢子母细胞（图版Ⅲ-1-26）。1~2 d后，大孢子母细胞开始减数分裂。先后经历减数分裂前期Ⅰ（细线期、偶线期、粗线期、双线期、终变期）（图版Ⅲ-1-27、图版Ⅲ-1-28、图版Ⅲ-1-29、图版Ⅲ-1-30，图版Ⅲ-2-1）、中期Ⅰ（图版Ⅲ-2-2）、后期Ⅰ（图版Ⅲ-2-3）和末期Ⅰ（图版Ⅲ-2-4），形成纵向排列的二分体；紧接着进行减数第二次分裂（图版Ⅲ-2-5、图版Ⅲ-2-6、图版Ⅲ-2-7、图版Ⅲ-2-8、图版Ⅲ-2-9），最终形成直线形排列的四分体大孢子，偶尔也有“T”形（图版Ⅲ-2-10、图版Ⅲ-2-11）。整个减数分裂过程前期Ⅰ的细线期持续时间较长，两次分裂并没有明显极性，并且在时间上比较连续。4个大孢子中珠孔端3个退化，合点端大孢子发育成功能大孢子，退化的顺序一般是珠孔端3个大孢子先开始，也有第3个大孢子最先退化的（图版Ⅲ-2-12、图版Ⅲ-2-13）。

**2. 雌配子体发育**

功能大孢子进一步伸长膨大，并占据其余3个退化细胞的空间，细胞核变大、居中，发育为单核胚囊（图版Ⅲ-2-14）。单核胚囊很快进行一次有丝分裂形成二核胚囊（图版Ⅲ-2-15）；2个核分别移向珠孔端与合点端，各自进行一次有丝分裂，形成四核胚囊（图版Ⅲ-2-16）；四核胚囊再分裂形成八核胚囊（图版Ⅲ-2-17）。整个分裂的过程中，胚囊逐渐拉长、弯曲并出现大液泡。八核胚囊形成后不久即进入细胞化，珠孔端与合点端各有一个核移至胚囊中部，成为中央极核（图版Ⅲ-2-18）；靠近珠孔端较大的一个细胞为卵细胞，两旁为2个助细胞（图版Ⅲ-2-19）；靠近合点端的3个核形成3个反足细胞（图版Ⅲ-2-20）。成熟胚囊时期，卵细胞高度液泡化并呈现出明显极性，细胞核位于合点端；2个助细胞体积也有明显增大，核位于珠孔端，极性与卵细胞相反，三者构成卵器；3个反足细胞开始退化；上下极核相互靠近却很少融合，并移向卵细胞附近（图版Ⅲ-2-21）。楸树的胚囊发育过程属单孢蓼型。

**3. 珠心与珠被的发育**

随着大孢子母细胞的形成，珠心两侧表皮下的细胞分裂速度加快，向上生长，逐渐包裹珠心，形成单层珠被；此时，大孢子母细胞仅被一层珠心组织包围，为薄珠心（图版Ⅲ-2-22）。在胞母细胞发育的同时，胚珠增大，珠被增厚为5~6层细胞，将珠心包裹其中，仅留细细一条缝隙为珠孔（图版Ⅲ-2-23）。胚囊母细胞减数分裂完成后，珠心细胞从合点端逐渐被发育中的胚囊所吸收，随着珠心细胞的解体消失，珠被最内一层细胞逐渐增大体积，径向伸长呈板状，细胞内具有较大的核和较浓的原生质，形成珠被绒毡层（图版Ⅲ-2-13，图版Ⅲ-2-17、图版Ⅲ-2-21）。

观察中还发现，后期胚囊的发育速度非常快，但同步性远不如大孢子母细胞时期。大多数子房最上端和最下端的胚珠发育略晚于中部，相同部位不同列的胚珠发育时期也有所不同。

### 3.2.3 雌、雄蕊发育过程中的败育现象

花药发育的过程中，观察到以下败育情况：①小孢子母细胞在刚形成不久便发生细胞质弥散与核降解。对比正常发育的药囊发现：败育药囊的各层花药壁细胞排列紊乱，层次不清；绒毡层细胞提前退化，空泡化现象严重，核染色质染色加深（图版Ⅲ-

2-24）。②小孢子母细胞减数分裂前，经常发生粘连、收缩过度成“骨形”等现象，通常这些异常孢母细胞的绒毡层细胞过度肥大或出现异常多核现象（图版Ⅲ-2-25）。③四分体时期，部分刚形成的四分体小孢子胼胝质积累异常，胞质过度收缩，此时的绒毡层则提前退化，空泡化现象严重（图版Ⅲ-2-26）。

雌蕊发育过程中，也有一定数量的胚珠败育，主要发生在以下阶段：①大孢子母细胞减数分裂前后，珠心组织萎缩、退化，孢母细胞不能正常进入减数分裂（图版Ⅲ-2-27）。②功能大孢子形成过程中，部分胚珠的珠被细胞解体，珠心退化、胚囊萎缩，大孢子胞质收缩、核降解（图版Ⅲ-2-28）。③由单核胚囊向成熟胚囊发育的过程中，经常发现刚分裂不久的核发生变形、降解，影响正常七细胞八核胚囊的形成（图版Ⅲ-2-29、图版Ⅲ-2-30）。

### 3.2.4　雌、雄蕊发育的对应关系

楸树为两性花，同一朵花中雄蕊的发育早于雌蕊，但后期雌蕊的发育速度加快，至花朵盛开时雌、雄蕊基本达到同熟。具体对应关系如表 3-1 所示。

表 3-1　花蕾形态与雌、雄蕊发育的对应关系

Table 3-1　The relationship between floral bud size and developmental stage of stamen and pistil

| 花蕾直径/mm | | 雄蕊发育时期 | 雌蕊发育时期 |
|---|---|---|---|
| Vrd | Trd | | |
| 2 | 1 | 孢原细胞 | 雌蕊原基 |
| 2.5~4 | 1.5~2 | 初生造孢细胞、次生造孢细胞 | 胚珠原基 |
| 4~6 | 3.5~4 | 小孢子母细胞 | 胚珠原基；孢原细胞 |
| 6~6.5 | 4 | 减数分裂期 | 孢原细胞 |
| 7~7.5 | 4~5 | 四分体小孢子 | 大孢子母细胞 |
| 8~9 | 5~6 | 单核小孢子 | 大孢子母细胞 |
| 10~12 | 6~8 | 单核靠边期小孢子、单核花粉分裂期 | 减数分裂、功能大孢子 |
| 12~15 | 7~10 | 双核花粉粒 | 单核、二核、四核胚囊 |
| L：17~25 | W：11~15 | 二细胞花粉粒 | 八核、七细胞八核胚囊 |
| L：25~35 | W：23~36 | 成熟花粉 | 七细胞八核胚囊、成熟胚囊 |

注：Vrd：花蕾纵径；Trd：花蕾横径；L：开放花朵的花冠总长；W：花冠展开后裂片宽度。

## 3.3 结论与讨论

### 3.3.1 楸树的胚胎学特征及系统学意义

楸树的胚胎学特征与梓属已报道的滇楸（*C. fargesii f. duclouxii*）（樊汝汶等，1980）、梓树（*C. ovata*）（樊汝汶，1981）、黄金树（陈旭辉等，2009）极为相似：花药2枚，"个"字形着药，4室；药壁4~5层，分别为表皮、1~2层药室内壁、中层、腺质异型绒毡层，药壁发育为双子叶型；小孢子母细胞减数分裂为同时型，四分体不分离，形成四合花粉，成熟复合花粉为二细胞型，无萌发孔，排列方式大多为正四面体形，偶有左右对称形与十字交叉形；子房上位，2枚心皮合生，中轴胎座，胚珠多数，倒生；单珠被，薄珠心，具珠被绒毡层；大孢子母细胞减数分裂形成的4个大孢子呈直线形排列，合点端大孢子发育为功能大孢子；胚囊发育为单胞蓼型，成熟胚囊具7个细胞8个核；受精前两极核相互靠近但不融合，3个反足细胞退化。

楸树大、小孢子发生和雌、雄配子体发育过程主要阶段的特征均是许多双子叶植物科属所共同具有的，也有一些特征只有个别相对进化科属的植物具有。如：复合花粉粒，在香蒲属以及杜鹃科、夹竹桃科、萝藦科、灯芯草科、兰科的一些属中常见（胡适宜，2005）；异型绒毡层，在玄参科、爵床科、唇形科、兰科、茄科等植物中观察到过（胡适宜，2005；申家恒等，2007）。从系统演化的角度来看，紫葳科梓属植物的两侧对称合瓣花、贴生雄蕊群、2枚雄蕊、"个"字着花药、四合花粉粒、2枚心皮合生雌蕊、中轴胎座、单株被、薄珠心等特征都是简化、进化的表现（谢成章，1984；陈机，1996），即便具有上位子房、胚珠多数等原始性征也不影响其相对进化的系统地位。然而，楸树雄蕊形态的高度进化与雌蕊形态的相对原始形成鲜明对比，从"演化与进化"和"结构与功能"的相互关系分析，雌、雄蕊形态结构的进化程度差异是否会导致功能上的不协调，从而影响传粉受精过程，最终导致花而不实。这将有待进一步研究。

### 3.3.2 雌、雄蕊败育原因的探讨

观察中发现楸树大、小孢子发育过程中都存在不同程度的败育。其中，小孢子败育大多发生在四分体形成之前，少数在单核至双核形成期，这与Laser（1972）总结的双子叶植物花粉败育时期的规律相符。发生在单核后期的败育，多数是因为不能正常积累淀粉粒等营养物质而出现空泡化，且整个四合花粉中最多只有一两个花粉粒空泡化，并不影响整个四合花粉的发育与成熟。与之相比，发生在四分体之前的败育，则往往导致整个花粉囊的发育异常。Pacini等（1985）众多学者均认为：绒毡层的结构与小孢子的发育密切相关，绒毡层结构的异常往往导致花粉的败育。尹增芳等（1997）、申家恒等（2007）以及郭艳玲等（2007）分别对鹅掌楸、辣椒和梨的花粉败育过程进行观察，得出绒毡层细胞的提前解体、延迟退化、异常肥大等现象，与花粉败育有着直接或间接关系。楸树绒毡层细胞的提前退化、过度生长及异常核分裂，是

造成小孢子败育的主要原因。提前退化的绒毡层细胞空泡化现象严重，有些还体积膨大，不但挤占了孢母细胞的生存空间，而且过早中断了营养物质向孢母细胞的转运；过度生长的绒毡层细胞排列紧密、径向延长、胞质浓稠，不但占据花粉囊的大部分空间，而且将过多营养用于自身消耗，从而减少了对孢母细胞的养分供给。

大孢子的败育多发生在功能大孢子形成后的各时期，特别是二核胚囊分裂，形成七细胞八核胚囊阶段。此时，花朵正陆续开放，雌蕊迅速分化，势必会集中消耗树体大量营养。子房内数量众多的胚珠此时正处于分裂旺盛阶段，而部分胚囊在此时败育，作者认为很可能是胚珠间的一种"营养竞争"机制，或者是母体的一种"自动选择"机制。无论是一种竞争机制或是自动选择机制，目的都如同进化法则"优胜劣汰、适者生存"，对整体而言，牺牲少数发育贫弱的个体，而保全群体中的优势力量，可能更有利于后续传粉受精等生殖事件的顺利进行。

### 3.3.3　雌、雄蕊发育与"花而不实"的关系

楸树大、小孢子发育过程中虽存在一定比例的败育，但大多数仍能够正常发育成熟。可见楸树"花而不实"的胚胎学原因并非雄性或雌性不育，而与后期的传粉受精、胚后发育有关。在大、小孢子发育后期——雌、雄配子体形成过程中，无论是同一药囊内的花粉粒还是同一子房中的胚珠，与初期相比都出现了发育不同步的现象。然而，即便如此，在花朵盛开时，大多数花粉粒和胚珠都达到性成熟状态。从整体上看，楸树在花朵盛开时，雌、雄生殖器官能够达到同熟。

多数显花植物在传粉受精过程中，进化形成了一种避免近亲繁殖和促进异交的种内生殖隔离机制——自交不亲和性，其表现为正常可育、雌雄同熟的两性花，自花或相同基因型的异花授粉后不能产生种子（胡适宜、杨弘远，2002）。楸树雌、雄蕊发育正常且同熟，自然生境中自花或相同基因型异花传粉均不能结实，花期后花冠整体脱落，由此推测楸树很可能具有自交不亲和性。但至今为止，尚未见有关楸树自交不亲和性类型和特点的深入研究报道。对楸树自交不亲和性的进一步研究，将有助于深入解答其"花而不实"的原因，同时对生产实践也具有一定的指导意义。

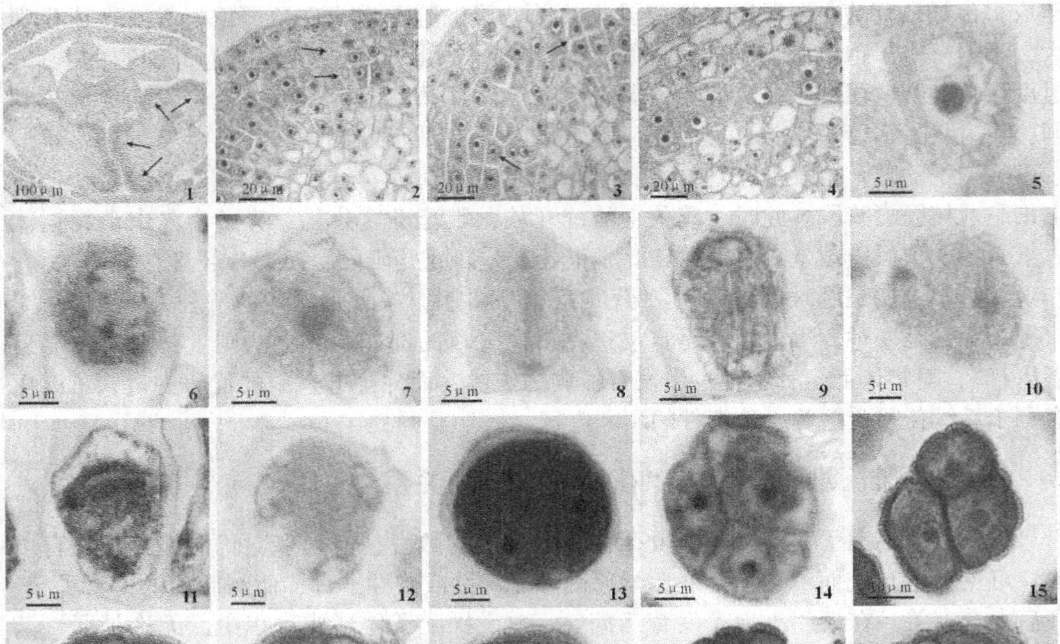

图版Ⅲ-1

1. 花蕾横切，箭头示小孢子囊；2. 箭头示初生壁细胞和初生造孢细胞；3. 箭头示次生造孢细胞；4. 小孢子母细胞；5、6. 小孢子母细胞减数分裂前期Ⅰ细线期、终变期；7. 中期Ⅰ；8. 后期Ⅰ；9. 末期Ⅰ；10. 中期Ⅱ；11. 后期Ⅱ；12. 末期Ⅱ；13. 正四面体型四分体；14. 收缩期小孢子；15. 单核居中小孢子；16. 单核靠边小孢子；17. 刚形成的生殖细胞和营养细胞，细胞壁明显；18. 生殖细胞浸没在营养细胞的细胞质中；19. 成熟二细胞花粉；20. 花粉复合体的不同步发育；21. 同室花粉粒的不同步发育，以及绒毡层的原位解体；22. 小孢子母细胞减数分裂前期，表皮出现角质层增厚，中层被压扁，异型绒毡层进入生长旺盛期；23. 花粉成熟期，表皮解体仅留波浪状残迹，药室内壁纤维状增厚，中层、绒毡层均解体，箭头示绒毡层外排的乌式体；24. 小孢子形成初期，绒毡层开始退化，箭头示其壁降解和液泡化；25. 孢原；26. 大孢子母细胞；27. 大孢子母细胞减数分裂的细线期；28. 偶线期；29. 粗线期；30. 双线期

1. Cross section of young bud, arrow shows microsporangium; 2. Arrow shows primary sporogenous cell and primary wall cell; 3. Arrow shows secondary sporogenous cell; 4. Microspore mother cell; 5、6. Microspore mother cell meiosis: leptonema and diakinesis of prophase Ⅰ; 7. Metaphase Ⅰ; 8. Anaphase Ⅰ; 9. Telephase Ⅰ; 10. Metaphase Ⅱ; 11. Anaphase Ⅱ; 12. Telephase Ⅱ; 13. Tetrahedral tetrad; 14. Contraction stage of microspore; 15. Monokaryotic centered stage microspore; 16. Monokaryotic side stage microspore; 17. The generative and vegetative cell that just formed, the wall between them was clear; 18. The generative cell immersed in the cytoplasm of vegetative cell; 19. Two-celled mature pollen; 20. Desynchrony of pollen tetrads; 21. Desynchrony of pollens in the same anther chamber , and tapetum degenerated at its position; 22. The anther walls at the early stage of microspore mother cell meiosis: thickened epidermis corneum, flaser middle layer, vigorous grown heterotypic tapetum ; 23. The mature anther walls: disintegrated epidermis only remained wavy vestiges, fibrosis endothecium, disintegrated middle layer and the tapetum, arrow shows ubisch bodies discharged from the tapetum; 24. The tapetum began to degenerate at the stage of microspore formed, arrow shows its cell was vacuolization and cell wall was degraded; 25. Archesporium ; 26. Megasporocyte ; 27 Leptonema of prophase Ⅰ of megasporocyte meiosis; 28. Zygonema of prophase Ⅰ; 29. Pachynema of prophase Ⅰ; 30. Diplonema of prophase Ⅰ

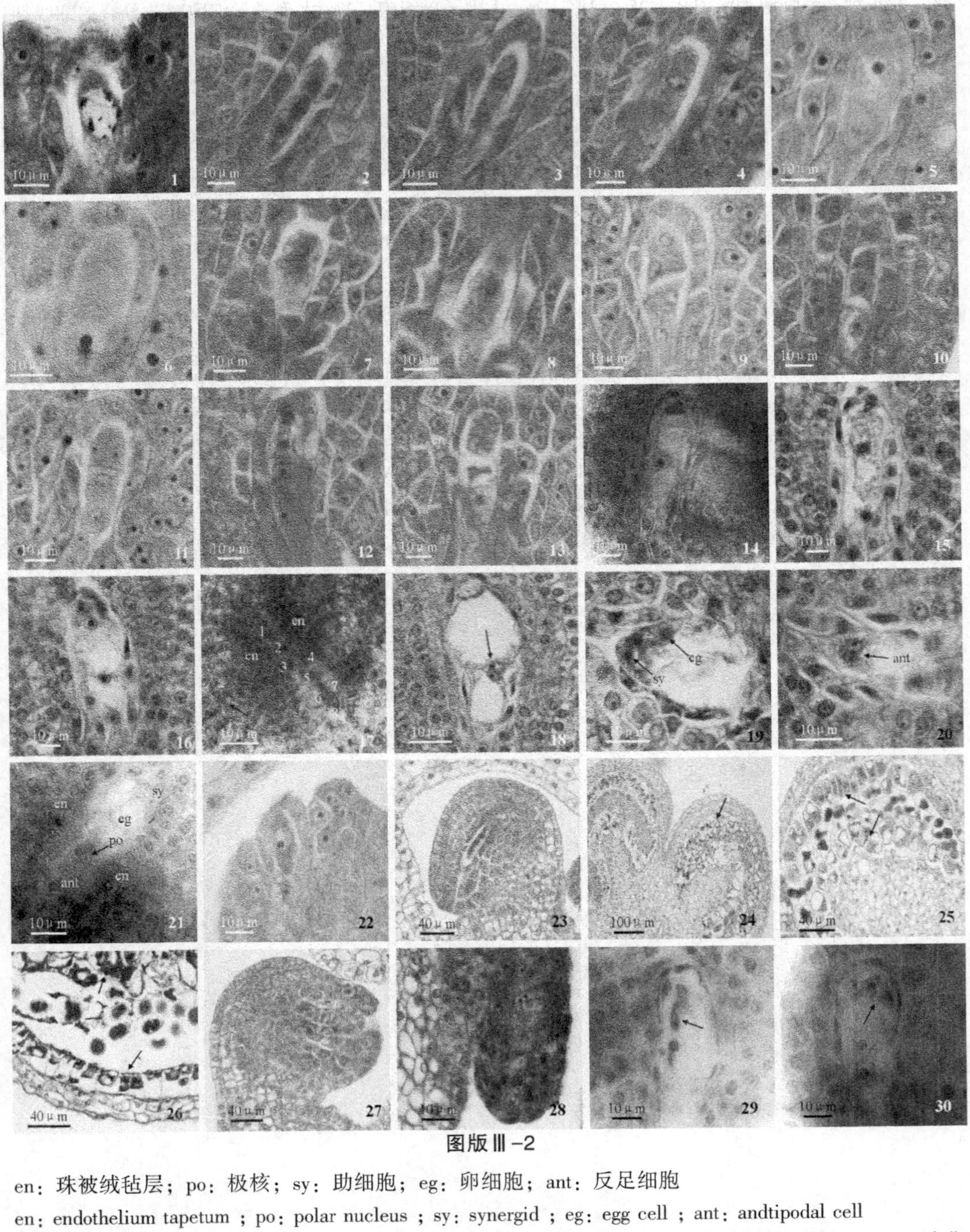

图版Ⅲ-2

en：珠被绒毡层；po：极核；sy：助细胞；eg：卵细胞；ant：反足细胞

en：endothelium tapetum ；po：polar nucleus ；sy：synergid ；eg：egg cell ；ant：andtipodal cell

1. 终变期；2. 中期Ⅰ；3. 后期Ⅰ；4. 末期Ⅰ；5、6. 前期Ⅱ（同一材料相邻两切面）；7、8. 中期Ⅱ（同一材料相邻两切面）；9. 末期Ⅱ；10. 线形排列的4个大孢子；11. “T”形排列的4个大孢子；12. 珠孔端3个退化大孢子，与合点端功能大孢子；13. 4个大孢子中的第3个先退化，以及珠被绒毡层形成初期；14. 单核胚囊（整体透明）；15. 二核胚囊；16. 四核胚囊；17. 八核胚囊（整体透明），珠被绒毡层发育旺盛期；18~20. 为同一胚囊的3个不同切面，分别示胚囊细胞化后形成的极核、卵细胞、助细胞以及反足细胞；21. 成熟胚囊（整体透明），卵细胞与助细胞极性明显，反足细胞退化，箭头示极核移向卵细胞；22. 发育初期单株被、薄珠心的胚珠；23. 发育后期珠被及珠孔形态；24. 小孢子母细胞的败育，箭头示绒毡层空泡化；25. 小孢子母细胞减数分裂前期的败育，箭头示过度伸长的绒毡层细胞；26. 小孢子形成初期的败育，箭头示提前退化的绒毡层细胞；27. 大孢子母细胞的败育，珠心退化、萎缩；28. 功能大孢子的败育；29. 二核胚囊的败育，箭头示降解的核；30. 四核胚囊的败育，箭头示降解的两个核

1. Diakinesis of prophase Ⅰ; 2. Metaphase Ⅰ; 3. Anaphase Ⅰ; 4. Telephase Ⅰ; 5、6. Prophase Ⅱ (successive section); 7、8. Metaphase Ⅱ (successive section); 9. Telephase Ⅰ; 10. Four megaspores are in line; 11. T-shaped megaspores; 12. Three of degenerated megaspores in micropylar end and the functional megaspore in chalazae end; 13. The third megaspore degenerates firstly, and the endothelium tapetum forms; 14. Mononucleate embryo sac (whole stain-clearing); 15. Two-nucleate embryo sac; 16. Four-nucleate embryo sac; 17. Eight-nucleate embryo sac (whole stain-clearing), and the endothelium tapetum is in the vigorous growth period; 18~20. Three successive sections to show eight-nucleate sac undergoes cellularization to form seven cells: two attached polarnuclei lying in the middle, two synergids and the egg cell located at the micropylar end, and three antipodal cell in the charazal end; 21. Mature embryo sac (whole stain-clearing): the synergids and the egg appeared obvious polarity, antipodal cells degenerated, arrow shows the polarnuclei; 22. The unitegmic and tenui- nucellatae ovule at the early development stage; 23. The integument and micropyle at late development stage of ovule; 24. The abortion of microspore mother cell, arrow shows vacuolization of tapetum; 25. The abortion of microspore mother cell meiosis prophase, arrow shows hypertrophy of tapetum; 26. The abortion of new formed microspore, arrow shows premature degenerative tapetum; 27. The abortion of megasporocyte, the nucellus degenerative and atrophied; 28. The abortion of functional megaspore; 29. The abortion of two-nucleate embryo sac, arrow shows degradative nucleus; 30. The abortion of four-nucleate embryo sac, arrow shows two of degradative nucleus

# 第4章　楸树繁育系统的研究

植物的繁育系统是指代表所有影响后代遗传组成的有性特征的总和，主要包括花形态特征、花的开放式样、花各部位的寿命、传粉者种类和传粉行为、自交亲和程度及交配系统，其中交配系统是核心（何亚平等，2003）。繁育系统包括控制种群或分类群中异体受精或自体受精相对频率的各种生理、形态机制，是植物内部的遗传机制和外部环境相互作用的一种表现形式，在决定植物的进化路线和表征变异上起着重要作用（Heywood，1979；Grant，1981；Holsinger，2000）。对繁育系统的多样化及其作用模式和机制的研究，是理解植物各类群进化的一个重要基础（郭友好等，1998）。植物繁育系统的研究结果，对遗传育种和生物多样性保护具有重要的指导意义；对自然种群、珍稀濒危植物和具有特殊生殖方式植物的繁育系统的理论研究，将有助于进一步开展繁育生物学和遗传多样性保护的管理工作（王崇云等，1999）。

本文将从花部构件、开花动态、雌雄性生殖器官的活力、花粉-胚珠比、杂交指数、传粉系统类型、访花者及传粉者行为等方面对楸树繁育系统进行研究，首次详细描述了连云港云台山地区楸树繁育系统的特征，并讨论了该地区楸树种群常年不能自然结实的原因。

## 4.1　材料与方法

### 4.1.1　材料

供试材料为楸树（*Catalpa bungei* C. A. Meyer），实验地位于连云港后云台山国家森林公园内（119.28°E，34.43°N）。云台山地处暖温带和北亚热带过渡区域，气候独特，地理条件优越，物种资源非常丰富，是江苏省主要的野生物种种质资源库（曹静等，2011）。本研究实验地位于后云台（北云台）山体，黄窝山系北侧的一座山头，海拔高度约为142 m。该地区楸树资源丰富，群体、个体表型优良。实验选取5株生长健壮，树高为15 m以上，胸径为45 cm左右的成年楸树为研究对象，搭建观测台进行花期观察。据资料记载和作者实地调查显示：该森林公园内的楸树常年“花而不实”，从未见自然坐果情况发生。

### 4.1.2 方法

**1. 花部构成**

随机摘取20朵盛开的花，测量花冠筒、花冠裂片、雄蕊、雌蕊等各部分花器官的长度、宽度，以了解其花部构成和形态特征。

**2. 开花动态**

参照Dafni（1992）所述标准，于2008—2010年间，每年花期里观察并记录观测地内楸树群体开花进程。以小于10%的个别植物开花为开始开花，之后分别是25%以下的植株开花；50%以上的植株开花；25%以下的植株尚处于花期，余者已经凋谢；开花末期（少于10%的植株仍在开花）。同时记录第一朵花开的时间、开花高峰到来的时间、最后一朵花凋落的时间，计算花期持续的时间。

为了解花序和单花的开花动态和形态特征，于开花前一天，分别标记2株楸树树冠中层阳面5个花序，每天7：00~19：00期间，每3~4 h定时定位观察一次，记录单花花朵开放、花粉散出、柱头张开、气味开始出现和持续的时间，以及整个花序开花顺序、特点和持续时间，并记录花朵开放过程中各花器官的形态变化特征。

**3. 花粉活力和柱头可授性检测**

花粉活力检测采用“离体萌发”法，培养基采用王改萍等（2008，2009）选择的最佳培养基，并在硼酸浓度上略有改动，培养6 h后统计花粉萌发率。柱头可授性检测采用“联苯胺-过氧化氢”法（Dafni，1992），在1.5 mL的离心管中放入体积为1%联苯胺：3%过氧化氢：水=4：11：22的反应液，将柱头浸泡其中，如具有可授性则柱头呈现蓝色并有大量气泡出现。自开花当日起至花落为止，采摘不同开放时期的花朵进行可授性检测，同时对柱头分泌物进行观察，利用体式显微镜和扫描电镜两种方式对花期内不同时期的柱头进行观察。

**4. 花粉-胚珠比（P/O）测定**

参照Dafni（1992）的方法，随机采摘刚开放而花药尚未开裂的花10朵，FAA中固定，取单花的全部花药捣碎，制成5 mL的花粉粒悬浮液，移液枪吸取1 μL/次花粉液于载玻片上，重复3次，显微镜下统计花粉数，计算单花花粉总量，重复10朵花，求得平均单花花粉量。同时，在体视显微镜下用解剖针划开子房，剥取胎座和胚珠，统计胚珠总数，重复10朵花，求得平均单花总胚珠数。用单花花粉量除以单花总胚珠数，即为P/O。依据Cruden（1977）的标准：P/O为18.1~39.0时，繁育系统为专性自交；P/O为31.9~396.0时，繁育系统为兼性自交；P/O为244.7~2 588.0时，繁育系统为兼性异交；P/O为2 108.0~195 525.0时，繁育系统为专性异交，即P/O值的降低意味着近交程度的升高，P/O值的升高伴随着远交程度的上升。

**5. 异交指数（OCI）估算**

按照Dafni（1992）的标准，进行花序直径、花朵大小和开花行为的测定及繁育系统的评判。具体方法：①花朵或花序直径<1 mm记为0，1~2 mm记为1，2~6 mm记为2，>6 mm记为3；②花药开裂时间与柱头可授期之间的时间间隔，同时或雌蕊先熟记为0，雄蕊先熟记为1；③柱头与花药的空间位置，同一高度记为0，空间分离记为1。

三者之和为 OCI 值。评判标准为：OCI 为 0 时，繁育系统为闭花受精；OCI 为 1 时，繁育系统为专性自交；OCI 为 2 时，繁育系统为兼性自交；OCI 为 3 时，繁育系统为自交亲和，有时需要传粉者；OCI 为 4 时，繁育系统为部分自交亲和，异交，需要传粉者。

**6. 套袋实验**

于 2009 年花期，采用硫酸纸套袋的方法，检测繁育系统类型。具体进行如下处理：①对照，不套袋、不去雄，自由传粉，用于检测自然条件下的传粉情况；②自然条件下的异花传粉，不套袋，去雄，自由传粉，检测异花花粉对其结实的贡献；③异交（花粉分别来自本实验地内的其他楸树和南京老山林场的楸树）人工授粉前醋酸洋红检测花粉均具有较高活力，授粉前后套袋、授前去雄，检测是否能够受精结实；④开花前套袋、不去雄，检测是否存在自花传粉；⑤开花前套袋、去雄，检测是否存在无融合生殖。每处理各标记 10 个花序，除对照组和自然传粉组不做处理，其余均摘去花序中未开放花蕾，于授粉后 5 d（此时已有雌蕊开始脱落）采集部分雌蕊，用胡适宜（1994）改进的脱色苯胺蓝染色法，制作花柱压片，荧光镜检柱头上花粉黏附量；其余留作统计坐果率。

**7. 访花者及传粉行为**

于 2008 年花期，开花前先后标记了 2 棵楸树 18 个花序上的 154 朵花蕾，于花期每天 7：00~19：00 观察并记录楸树主要访花者的类型及不同访花者的行为特点，并在每日 18：00 统计当日开花数和自然传粉数（柱头裂片含粉闭合者视为传粉成功），计算每日传粉率（自然传粉的花朵数/当日开花总朵数）。

## 4.2 结果与分析

楸树为聚伞房状总状花序，一般分 1~4 层，每层 3 朵花，共 3~12 朵小花。实验地内大多数楸树花序为 3 层 9 朵花或 2 层 6 朵花（图版Ⅳ-1-1）。花序的开花次序为向心开放，即最底层 3 朵花最先开放，其次是二层和顶层的花朵开放。通常花序底层花朵的花柄最长，使其与第二层花朵几乎位于同一平面上，且这两层小花开放时间也非常接近，通常在同一天里先后开放；而最顶层花朵的开放时间晚于下两层 2~3 d，整个花序从第一朵花开放到最后一朵花凋落持续 8~11 d。楸树一天里任何时候都有花开放，尤其在 9：00~14：00 期间开花的数目最多。

### 4.2.1 花部构件

楸树花为管状花。其萼片 2 深裂，卵圆形，深褐红色；花冠淡紫红色，2 唇形，上唇 2 裂较小，下唇 3 裂较大，花冠筒内具深紫红色条纹和斑点，下唇裂片与花冠筒接合处有亮黄色斑块；雄蕊 5 枚，3 枚退化，2 枚可育雄蕊，花丝细长，背着药，花丝、花药、花粉均为白色；子房上位，圆柱形，嫩黄绿色；花柱细长，白色；柱头二裂不等长，舌状，淡粉紫色（图版Ⅳ-1-2、图版Ⅳ-1-3）。花盛开时，花冠筒长（1.79±0.04）cm；花冠筒口横径（1.54±0.05）cm、纵径（1.24±0.03）cm；花冠 5 枚裂片较大，裂片上下间距为（4.54±0.04）cm、左右间距为（4.69±0.06）cm；2 枚可育雄蕊的花丝长（1.59±0.07）cm，花药长（0.45±0.02）cm、宽（0.19±0.02）cm；子房长（0.46±0.02）cm、宽（0.15±0.01）cm；花柱长（1.72±0.07）cm；柱头较长的下裂片长（0.26±0.01）cm，上裂片长（0.25±0.01）cm。

### 4.2.2　开花动态

#### 1. 群体开花动态

虽然实验地附近的楸树单株或林分花期比较一致，林分 2/3 的花朵几乎在同一天一起开放，为大量花爆发式开放类型（mass-flowering blooming）；但由于本实验地位于后云台山海拔高度约为 142 m 的一座山头，所以山下和山上楸树林分开花的时间仍有差别。本次统计结果见表 4-1，针对该山头从山脚下至实验地所在的半山腰内的所有肉眼可见楸树植株。

表 4-1　楸树林分开花进程（日/月）

Table 4-1　The flowering process of *Catalpa bungei*（Date/Month）

| 开花进程 | 观测年份 | | |
|---|---|---|---|
| | 2008 | 2009 | 2010 |
| <10%的个别楸树开始开花 | 27/4 | 26/4 | 4/5 |
| 25%左右的楸树开花 | 28/4 | 27/4 | 6/5 |
| >50%的楸树开花 | 1/5 | 29/4 | 9/5 |
| <25%的楸树仍在开花，其他凋落 | 10/5 | 9/5 | 15/5 |
| 开花末期，<10%的楸树仍在开花 | 12/5 | 11/5 | 19/5 |
| 第 1 朵花出现 | 25/4 | 24/4 | 2/5 |
| 开花高峰期 | 1/5~5/5 | 29/4~5/5 | 9/5~14/5 |
| 花朵全部凋落 | 13/5 | 14/5 | 20/5 |
| 花期持续时间（天） | 19 | 21 | 19 |

#### 2. 个体开花动态及形态变化特征

楸树单株花期为 13~15 d；花序花期为 8~11 d；单花花期为 5~7 d。花序一般分 3 层，通常下两层花朵先开放，顶层花朵晚 2~3 d 开放。当花蕾达到长 1.5 cm、宽 1 cm 时即开裂，从花蕾开裂到覆瓦状花冠完全打开需 6~8 h；花冠裂片最初与花冠筒水平，随后逐渐展开与花冠筒成 90°且饱满硬挺，花期第 4 天裂片萎缩下垂，整个花冠颜色由淡粉色逐渐变白色，第 5 天花冠开始脱落；花冠筒底部分布着丰富的蜜腺，开花第 1 天起便有淡淡香味的蜜汁分泌，直到花朵脱落香味一直存在（图版Ⅳ-1-4）。

二裂柱头在花开后不久便微张成 30°，此时肉眼看不到分泌物，扫描电镜下观察到少量分泌物析出（图版Ⅳ-1-5；图版Ⅳ-2-1）。随后的 2 d 柱头逐渐张开成 60°，肉眼可见明亮的分泌物析出，扫描电镜下同样看到大量分泌物将柱头乳突细胞覆盖（图版

Ⅳ-1-6；图版Ⅳ-2-2、图版Ⅳ-2-3）。自然传粉通常多发于开花第 3 天，传粉后永久闭合的柱头上多数花粉粒都能够萌发出 1~2 条花粉管（图版Ⅳ-2-7）。在未传粉情况下花期第 4 天下面较长的一裂片开始向外翻卷（图版Ⅳ-1-7），体式显微镜下观察发现，此时柱头分泌物比花期第 2~3 天的丰富；扫描电镜下观察发现，此时的柱头分泌物并不是量的增大，而是质地变得稀薄，柱头乳突也不如前期饱满（图版Ⅳ-2-4、图版Ⅳ-2-5）。第 5 天起两裂片均向外翻卷并微微呈黄褐色直到脱落（图版Ⅳ-1-8），扫描电镜下观察发现，此时的柱头上分泌物的量明显减少，柱头环境相对干燥，乳突干瘪（图版Ⅳ-2-6）。

花粉囊于花期第 3 天才开裂，只能在第 3、4 天见到大量白色、饱满的花粉粒（图版Ⅳ-1-9）；扫描电镜下看到四合花粉网状纹饰，无萌发孔，DAPI 荧光染色看到成熟花粉为二核（图版Ⅳ-2-8、图版Ⅳ-2-9），第 5 天开始花药壁萎缩褐化，花粉量减少（图版Ⅳ-1-10）。整个开花过程中柱头始终高于花药，形成空间上的雌雄隔离（图版Ⅳ-1-11），但从花期第 4 天两柱头裂片逐渐向外、向下翻卷，在花期第 5 天的一些花朵中甚至看到柱头向下翻卷配合花粉囊在花丝上着生角度的变化而使两者触碰到彼此，但并未见此时的柱头因触碰到花粉而闭合（图版Ⅳ-1-12）。

### 4.2.3 花粉活力和柱头可授期

楸树在开花后不久柱头便张开，而花粉囊多在花期第 3 天才开裂。其实在花药开裂前 2 d，花粉已经具备与开裂后相差无几的活力，而这种较高的活力一直保持到花期第 4 天，第 5 天起花冠开始脱落，花粉活力明显下降。到第 6~7 天许多花冠脱落仅剩雌蕊，或者花冠未脱落但失水萎缩，此时花粉囊里已很难收集到花粉。柱头可授性强弱可通过反应后柱头染色的面积、颜色的深浅，以及周围气泡的多少来判断。与花期第 2~4 天的柱头相比，第 1 天只有柱头尖端约占面积 1/2 的部位被染成深蓝色，气泡量也相对较少，而第 5 天的柱头只有中间部位维管束附近染上淡淡的蓝色且气泡量更少，说明此时柱头可授性比第 1 天还弱。综合花粉和柱头的活力（表 4-2）来看，花期第 2~4 天雌、雄性生殖器官的可授性最强。

表 4-2 单花花期里每日柱头可授性与花粉活力

Table 4-2 Daily stigma receptivity and pollen viability of single flowers during the flowering period

| | | 花朵年龄 | | | | | | |
|---|---|---|---|---|---|---|---|---|
| | | 1 | 2 | 3 | 4 | 5 | 6 | 7 |
| 柱头可授性 | 染色面积 | 1/2 | 1 | 1 | 1 | 1/3 | 1/3 | 0 |
| | 染色程度 | ++ | ++ | ++ | ++ | + | ± | – |
| | 气泡量 | + | ++ | ++ | +± | ± | – | – |
| | 花粉活力 | 75.6±6.8 B | 83.3±6.1 D | 81.3±5.6 CD | 78.5±6.1 BC | 65.7±7.3 A | – | – |

注：显著水平 0.05，花粉活力多重比较用 Tukey 法。

### 4.2.4　花粉-胚珠比（P/O）

经测定10朵花的单花花粉量为134 779.2±18 865.7，胚珠数为136.4±8.7，P/O比约为988。故根据Cruden（1977）的标准，楸树的繁育系统属兼性异交类型。

### 4.2.5　异交指数（OCI）的测定

经观察与测量，楸树的花朵直径远大于6 mm，记数3；花药开裂和柱头可授期几乎同时，计数0；柱头与花药空间分离，计数1。按照Dafni（1992）的标准，三者之和即为OCI值，故楸树的OCI值为4，繁育系统属部分自交亲和，异交，需要传粉者。

### 4.2.6　繁育系统套袋检验

所有套袋实验，除以老山林场楸树为父本的结实率达76.6%外，其他处理的坐果率均为0。说明该地区内的楸树无论自交、异交都不亲和，只有用其他较远地区的同种花粉异交授粉才亲和，且不存在孤雌生殖现象。在此基础上，我们进一步对比了各处理柱头花粉黏附量，发现：

（1）自由传粉后的楸树柱头有42朵花的柱头裂片是闭合的，36朵花的柱头是张开的（$n$=78，闭合率=53.8%）。取5枚柱头闭合的雌蕊镜检其花粉黏附量，发现柱头上黏附的花粉粒为8~37粒不等。同样取5枚柱头是张开的花朵镜检，发现柱头上黏附的花粉粒数量普遍少于闭合的，为0~15粒不等。

（2）去雄、不套袋处理用以检验自然条件下异花传粉效果的结果是：柱头裂片闭合的有31朵，张开的有44朵，（$n$=75，闭合率=41.3%）；闭合柱头花粉黏附量为17~33粒不等（$n$=5），张开柱头花粉黏附量为0~11粒不等（$n$=5）。

（3）套袋、去雄的人工异交授粉结果是：以当地楸树花粉为父本的，柱头裂片闭合的有46朵，张开的9朵（$n$=55，闭合率=83.6%）；闭合柱头花粉黏附量为28~124粒不等（$n$=5），张开柱头花粉黏附量为5~18粒不等（$n$=5）。以老山林场楸树花粉为父本的，柱头裂片闭合的有58朵，张开的仅3朵（$n$=61，闭合率=95.1%）；闭合柱头花粉黏附量为42~113粒不等（$n$=5），张开柱头花粉黏附量为0~6粒不等（$n$=3）。

（4）套袋、不去雄，检测是否存在自花传粉的结果是：6枚柱头闭合，其余都张开（$n$=52，闭合率=11.5%），张开的柱头中只有少部分柱头能够触碰到花药。取5枚闭合柱头检验花粉黏附量发现均为0，可见其柱头并不是因为接受了足量花粉而闭合。取6枚张开柱头检验其花粉黏附量，其中3枚柱头未触碰到花药，其黏附量均为0；另外3枚柱头接触到花药的，结果为9~23粒不等。

（5）套袋、去雄处理，虽柱头上不会有花粉粒落至，然而柱头依然有闭合和张开之分，其中闭合11朵，张开的42朵（$n$=53，闭合率=20.8%）。可见套袋情况下柱头的闭合可能跟温度、湿度等有关。

综合以上各处理的柱头花粉黏附量结果可以得出：①授粉后柱头闭合与否和柱头花粉黏附量密切相关，因为自由传粉或人工授粉后仍然张开的柱头，其花粉黏附量一定很小；②自由传粉存在授粉量不足现象，因为自由传粉闭合柱头的花粉黏附量小于人工授粉后闭合柱头的花粉黏附量，而且即使是自由传粉的最大花粉黏附量（37 粒，每粒四合花粉仅能萌发出 1~2 条花粉管）也不能满足雌蕊所有胚珠（136.4±8.7）受精所需。

### 4.2.7 访花者与传粉行为的有效性

楸树的访花者主要有中型蜜蜂、大型黄蜂、鞘翅目的瓢虫、爬虫以及蚂蚁。其中传粉主要靠蜜蜂和黄蜂，其他体形较小的访花者，直接绕过柱头花柱，从宽大的花冠筒口进入管底吸食花蜜，对传粉毫无贡献。当蜜蜂着陆在花朵上时，通常最先触碰到位于花冠顶端的柱头，将其背部和足上附着的花粉落置于柱头裂片可接受的内表面，二裂敏感柱头在受到花粉刺激后闭合，传粉者进入花冠筒底部获取花蜜，在此过程中背部会触碰到花药带走花粉，取食完毕，飞出花冠筒时柱头已闭合，故不会将自花花粉落置于柱头上，而是将其带到邻近的下一朵花柱头上。有时，如果花冠筒底部已有其他盗蜜者正在取食，或开花后期花冠筒底部蜜汁量较少时，蜜蜂便不会再进入花冠筒内吸食花蜜，而只在其前端取食花粉，此时其背部依然会先触碰到柱头，将异花花粉落置其上，但却不能使其背部沾上本朵花的花粉，故会影响下一朵花的传粉量。而且，由于取食花粉所用的时间短于柱头闭合所需时间，所以在蜜蜂取食完毕离开时会将部分自花花粉散落在柱头上，使柱头上同时含有自花和异花花粉。表 4-3 所示是花期里标记的 18 个花序 154 朵花每日开花量和传粉率。

表 4-3　花序花期里每日传粉率（$n$=154）

Table 4-3　Daily pollination rate of inflorescences during the flowering period（$n$=154）

| | 花序年龄（d） | | | | | | | | | | | |
|---|---|---|---|---|---|---|---|---|---|---|---|---|
| | 1 | 2 | 3 | 4 | 5 | 6 | 7 | 8 | 9 | 10 | 11 | 12 |
| 开花数 | 44 | 79 | 104 | 113 | 128 | 120 | 76 | 43 | 48 | 39 | 15 | 8 |
| 传粉数 | 0 | 11 | 59 | 67 | 81 | 67 | 37 | 21 | 23 | 10 | 3 | 1 |
| 传粉率（%） | 0 | 14 | 57 | 59 | 63 | 56 | 49 | 49 | 48 | 26 | 20 | 13 |

## 4.3 结论与讨论

### 4.3.1 楸树花朵形态与功能

楸树花序为聚伞房状总状花序，花序轴不被叶片覆盖，位于当年生枝条最顶端非常显眼的位置。管状花喇叭形，开口二唇形，上唇 2 裂、下唇 3 裂，裂片较大，左、右裂片和上、下裂片间展开距离均大于花冠筒高度。楸树花冠的颜色虽不及紫葳科那些热带树种的花朵一样明艳，但其花冠筒内侧具深紫红色条纹和斑点，下唇裂片与花冠筒接合处有亮黄色斑块，色彩和斑纹的多变再加上持久、清新的花香足够吸引访花者的到来，同时也为之提供了丰厚的报酬。从楸树花朵的形态判断其具有典型的虫媒花传粉综合征（Zimmerman，1988b；赵卓等，2004）。根据 Gentry（1974）对紫葳科花朵形态的划分类型：*Anemopaegma* 型，*Martinella* 型，*Amphilophium* 型，*Pithecoctenium* 型，*Cydista* 型，*Tynanthus* 型，*Tanaecium* 型。楸树最接近 *Pithecoctenium* 型，但不同点在于，楸树并不像 *Pithecoctenium* 型植物那样，传粉者只有蜂鸟和黄胸木蜂（xylocopid），形成"专化传粉系统（specialization pollination system）"；楸树的传粉者更为广泛，除了大中型蜜蜂外，小型蜜蜂和各种昆虫也能帮助实现有效传粉，尤以蜜蜂为主。楸树与普通高大乔木一样具有"非专化传粉系统（generalization pollination system）"（Grant，et al.，1965；Faegri，et al.，1979）。Stebbins（1970）针对非专化传粉系统提出了"最有效传粉者法则（most effective pollinator principle）"，即植物花部构成的进化往往是朝着最有效传粉者塑造的方向（适应最有效传粉者访问）进行的。与 *Pithecoctenium* 型植物相比，楸树的花朵为了吸引广泛的大、中、小型蜜蜂和其他昆虫进入花冠筒实现最有效传粉，在花冠筒口演化形成了两块鲜亮的明黄色斑块吸引传粉者着陆于花冠上，同时又在花冠筒内壁形成了独特的深紫色条纹为"蜜导（nectar guide）"如同导航线般引导传粉者进入花冠筒底部蜜汁分泌区。蜜蜂进入花冠筒与否决定了其腹、背部携带花粉量的多少，从而影响楸树的花粉输出和传粉成功率。可见楸树花朵形态的特化和演化是朝向最有效传粉的方向发展的。

楸树开花后柱头马上张开，但可授性不强，到花开第 2~4 天才具有较强的可授性；而花粉囊第 3 天才开裂，但花粉在开裂前也已经具有较高活力；自然状态下花粉囊开裂花粉散出时柱头处于可授期内，所以可认为雌、雄蕊同熟。然而，雌雄蕊虽同熟，却在空间上彼此隔离——柱头高于花药，形成"柱头探出式雌雄异位（approach herkogamy）"。这种形态特征曾被认为是避免自交，促进异交的一种机制（Darwin，1876；Barrett，2002b），后来也被认为是一种避免雌雄干扰的机制（Barrett，2003；Webb and Lloyd，1986）。作者认为，楸树柱头的空间异位确实减少了花内自动自花授粉（autonomous self-pollination）的可能；但在传粉者访花过程中，特别是当蜜蜂只在花冠筒口取食花粉不进入花冠筒内的情况下，自花花粉仍然有机会落至在柱头上，落至了自花花粉的柱头经传粉者触碰后闭合，减少了后来异花花粉落至的机会，所以并不能起到促进异交的作用，也没能有效地避免雌雄干扰。当然，如果传粉者进入花冠筒内取食花蜜时，情况则完全相反，由于取食时间大于柱头闭合时间，所以当传粉者飞出花冠筒时自花花粉不会落至柱头上，此时闭合的柱头为花粉黏附、水合以及萌发提供了良好的环境，确实起到促进异交的作用，同时也有效避免了雌雄干扰。由此可见，花朵形态决定其具备的功能，但功能的实现过程不能脱离传粉者的作用。花部形态特征与传粉者行为从来都是互为因果，协同进化的。

另外，楸树的二裂敏感柱头在传粉者触碰后不管有无花粉落至都会闭合，但有些柱头在闭合后不久会再张开，而有些则保持永久闭合的状态。关于触敏柱头的这种闭合与再张开行为在玄参目植物中非常普遍（Fuller，et al.，1938；Fetscher，1999a）。对于柱头闭合的原因，影响柱头闭合的因素，以及它的适应意义也一直是学者们热议的话题（Buttrose，et al.，1977；Li，et al.，2001；阮成江等，2006）。通常认为在授粉量不足的情况下闭合柱头会再张开（Richardson，2004；Yang，2004）。但也有研究认为柱头闭合后是否再次张开主要取决于胚珠的受精率，而不是所接受的花粉数量，*Mimulus aurantiacus* 只要 1/3 的胚珠完成受精，其柱头就不再张开而保持永久闭合（Fetscher，1999b）。而 Correia 等（2006）则认为柱头在授粉后闭合与否是衡量其授粉水平的重要标志，因为自交不亲和的 *Anemopa-egma chamberlaynii* Bur. & K. Schum 柱头只有在异交时才会永久闭合。对于紫葳科一些具有自、异交混合的交配系统且自交不亲和的植物，柱头在授粉后的永久性闭合，被认为一方面减少了柱头获得更多异花花粉的机会，另一方面自花粉造成了胚珠折损（ovule discounting），降低了雌性适合度，是造成植株结实率低的主要原因（Stevens and Bougourd，1988；Pinheiro，et al.，2009）。对于楸树触敏柱头授粉后的闭合与再张开是由什么原因引起的，我们并未做进一步的研究，但这将是一个非常有趣的话题，值得深入探讨。

再者，楸树柱头在开花第 4 天起向外、向下的翻卷行为，与锦葵科的 *Hibiscus trionum*（Buttrose，et a1.，1977）、*Hibiscus laevis*（Klips and Snow，1997）以及 *Kosteletzkya virginica*（Ruan，et al.，2004）等植物非常相似。只是，这些植物通过花柱卷曲使柱头表面接触到花药上的花粉或非柱头区的花粉，实现了延迟自交（delayed selfing），为种群提供了生殖保障（reproductive assurance）；而楸树虽然柱头翻卷，但并非所有花朵的柱头都能触碰到花粉，在一些雌、雄异位距离较大的花朵中柱头始终不能接触到花粉，即使一些花朵的柱头能够触碰到花粉，但此时的柱头并未因花粉的落至而闭合，最终未能实现延迟自交。所以，我们只能说楸树在花晚期的柱头运动有实现延迟自交倾向。关于这点，作者认为该地区楸树由于长期以来一直面临传粉效率低下、传粉量不足的情况，所以花器官向自交方向进化的表现。

### 4.3.2 楸树个体与群体开花进程

楸树花序轴上每层 3 朵花的发育同步，层与层之间（特别是下两层之间）发育程度相当，每天一个花序轴上能同时开放 3~6 朵花，整个植株上花序之间的开花时间也比较一致；所以对楸树个体而言，其花朵开放类型为“大量花爆发式开放（mass-flowering blooming）”型。就整片林分来看，由于海拔高度的差异单株间开花时间略有不同，但也不过才相差 2~4 d，林分内各单株的盛花期仍有 2~3 d 的重叠，且整个林分的开花高峰期持续时间较长，林分内同一海拔的单株间花期同步性较高。

对于这种个体和群体花期同步性皆较高的类型，适应性假说有：能够有效促进种群内异交，对结实率和种实饱满率有利；但同时也容易造成同株异花传粉，带来现有种群遗传多样性的减少（Janzen，1976；Augspurger，1981；Ollerton and Lack，1998）。那些具有自交不亲和性，且拥有异交或自、异交混合交配系统的植物，个体与种群内其他个体之间开花的同步性对于其生殖成功非常关键（Frankie and Haber，1983；Zimmerman and Gross，1984；Kochmer and Handel，1986；Ollerton and Lack，1998）。楸树便是具有上述特点的植物类型，其个体与群体间开花的高同步性，为其生殖成功提供了良好的基础。

### 4.3.3　楸树繁育系统的类型

根据 Cruden（1977）建议的标准，测得楸树的 P/O 为 987.8，故认为其繁育系统类型为兼性异交。根据 Dafni（1992）的标准，测得楸树的 OCI 值为 4，结果表明楸树的繁育系统为部分自交亲和；异交，需要传粉者。P/O 和 OCI 值均倾向于认为楸树的繁育系统是以异交为主，但同时存在部分自交机制。套袋检验的结果是：自交不结实，同地区的异交也未结实，只有远交能够结实。说明楸树具有自交不亲和性。而地区内的异交之所以不亲和，很可能因为该地区人工林起源的楸树林分大多为同一无性系（叶培忠等，1980）。假设事实确如资料所述，则本研究中同地区的楸树异交也算广义上的自交，进一步证明了楸树具有明显的自交不亲和性。套袋检验与依据 P/O 值和 OCI 值判断的楸树繁育系统的类型稍有不同，但实质并不冲突。因为，三者均肯定了楸树以异交为主的生殖方式，分歧主要在于自交是否亲和。P/O 值和 OCI 值是以生物学特征推断繁育系统类型的理论值，两者从理论上推测楸树可能存在自交机制，且部分自交是亲和的；而套袋授粉实验的观察结果是实践真实值，虽验证出楸树自交是不亲和的，但并不否认其存在自交机制。因为，套袋、不去雄检验自动自花授粉的结果是：部分柱头通过裂片翻卷触碰到了花粉，可视为实现了自花传粉，肯定了自交机制的存在，同时未能坐果的事实也证明了自交不亲和性的存在。所以，根据以上三方面指标得出：楸树是以异交为主，兼具部分自交机制，但自交不亲和的繁育系统类型。

另外，作为繁育系统内容之一的传粉行为的研究结果也表明：楸树确实存在部分自交机制。因为传粉者不同的行为（进入或不进入花冠筒）导致楸树柱头上不但可以落至异花花粉，也有机会落至自花花粉。这曾被认为是一种自交、异交混合的交配系统类型（Brown，1989）。

### 4.3.4　楸树自然不结实的原因

自然种群结实率低下，可能是由低的有效资源、低花粉转运，或者是花、果或种子被掠夺所引起的（Campbell and Halama，1993）。其中低有效资源和低花粉运转相当于通常所指的“资源受限（resource limitation）”和“花粉受限（pollen limitation）”，曾引起生态学家和生物进化学家的广泛关注（Campbell，1987；Zimmerman，1988b；Johnston，1991；Ishii and Kadono，2002；Ashman，et al.，2004；Knight，et al.，2006；Brookes，et al.，2008）。资源是由母本提供的，能够影响结实（籽）率的有效资源，既包括生殖行为发生前植物为生殖投入的资源，即“繁殖投资（reproductive effort）”；又包括生殖行为发生后母本为坐果（fruit set）和结籽（seed set）提供的营养资源，分别体现在花-果转化率和胚珠-种子转化率上（钟章成，1995；Brookes，et al.，2008）。据作者的观察，发现楸树的繁殖投资非常大：每个当年生枝条顶端都分化出花序，每个花序上有 3~9 朵花，花朵类型是最受传粉者欢迎的大型、左右对称、粉红色花，花粉和胚珠均发育正常且数量众多。无论是吸引传粉者的资源投入，还是雌、雄生殖配件的投入都很丰富。而且，最重要的是无论个体或种群开花的同步性较强，这为生殖活动的顺利进行提供了良好的物质基础和前提条件。另外，人工异交授粉套袋检验的结果显示，远交（花粉来自老山林场楸树）花-果转化率高达76.6%，可见只要花粉来源的限制解除，母体是能够提供充足的营养资源以实现较高的花-果转化率。这些充分说明楸树不能结实并非由资源受限引起，而与花粉受限有关。

花粉受限包括花粉数量和质量的限制（Zimmerman，1988b；肖宜安等，2006）。人工自、异交授粉后柱头闭合率和花粉黏附量明显增多，说明花粉数量影响传粉成功率（柱头闭合率间接反映）；在所授花粉均具有较高生活力的前提下，只有老山楸异交处理坐果，说明花粉质量（花粉来源）的限制，才是导致该地区楸树不能结实的根本原因。这与早期研究认为连云港后云台山地区楸树可能为同一无性系起源，而楸树本身具有自交不育性，所以，才导致该地区楸树常年不能自然结实（叶培忠等，1980）是一样的道理。然而，在并不知晓该地区楸树是否属于同一无性系起源的前提下，也就不能确定林分内个体间异交的不育到底是何原因引起的。但根据林分内树体的外观形态和早期不完全资料记载（孙成功，1982），作者猜测该地区这些人工栽植的楸树即使不完全属于同一无性系，它们的遗传组成异质性也不高。试验中所授花粉很可能具有与授粉母株相同的S基因，从而导致不亲和。

关于花粉来源限制该地区楸树结实的观点，叶培忠先生（1980）曾建议“楸树是异花授粉植物，自花不孕，要靠昆虫传粉，为发展楸树栽培，有必要建立采穗圃和种子园，在现有楸树周围或楸树林中搭配花期相同的授粉株，让昆虫相互传粉，使之结实”。对于配置授粉树是否可以改变楸树组树种普遍存在的不结实或很少结实的现状，作者认为：合理配置授粉株在一定程度上能够改变楸树林分不结实的现状，但不能改变楸树林分自然状态下结实率低下的状况。因为，首先楸树为大量花爆发式开放类型，且拥有自、异交混合的交配系统。这种大量花同放类型的植物本就容易造成同株异花间传粉，花序中只有访花者初访的一两朵花有可能接触到异株花粉，其他花柱头上大多落至的是同株异花或自花花粉（Pinto，et al.，2008；Pinheiro，et al.，2009）。其次，楸树具有敏感的二裂柱头，在传粉者触碰后不管有无花粉落至，是何来源的花粉落至，柱头裂片都会闭合。而且部分柱头的闭合是永久性的，即使一些柱头在花粉黏附量严重不足的情况下会再张开，但再张开也需花费2 h以上的时间，这大大降低了柱头接受异株花粉的机会。具有自交不亲和性的楸树只有异株花粉才能使其结实，而获得异株花粉的机会又如此稀少，所以，即便该地区楸树林分中补充了不同基因型的授粉树，对林分中个体而言获得异株花粉的机会都是微乎其微的。即使花朵获得了异株花粉，花粉量也不足以让子房内所有胚珠都受精。因为在自然传粉状态下，楸树柱头花粉最大黏附量本研究为37粒，而通常一个子房内有近200个胚珠。在如此低的花粉/胚珠比值下，即使坐果，果实的胚珠-种子转化率也不会太高。由此看来，楸树花粉质量（花粉来源）的限制程度和作用方式，比想象中的要深许多、复杂许多，即使在补充种群个体遗传多样性的情况下依然会存在结实率低下、胚珠-种子转化率低下的问题。但这种多年生乔木年生长周期中结实率的低下，与整个生命周期中较多的繁殖机会和每条种实内所产生数量众多的种子，是相互平衡、相互协调的，被认为是一种合理的繁殖策略（Bittencourt，et al.，2011）。

同时，花粉数量限制对结实率的影响也不容忽视：楸树柱头花粉黏附量完全依赖于传粉者的觅食行为（进入或不进入花冠筒），在不利天气条件（如刮风、下雨）、较高海拔、恶劣环境因子胁迫下，花粉量的减少、传粉者的减少或丧失，将对种群的繁衍造成极大困扰。幸好，在长期遭受花粉资源限制的环境下，楸树逐步显现花后期的“自动自交”机制，即使这种延迟自交倾向未能使其实现繁殖保障，但至少说明该地区楸树种群为实现种族繁衍而努力向自交方向进化。楸树的这种表现也为“自交进化”观点（张大勇，2004）提供了论据支持。

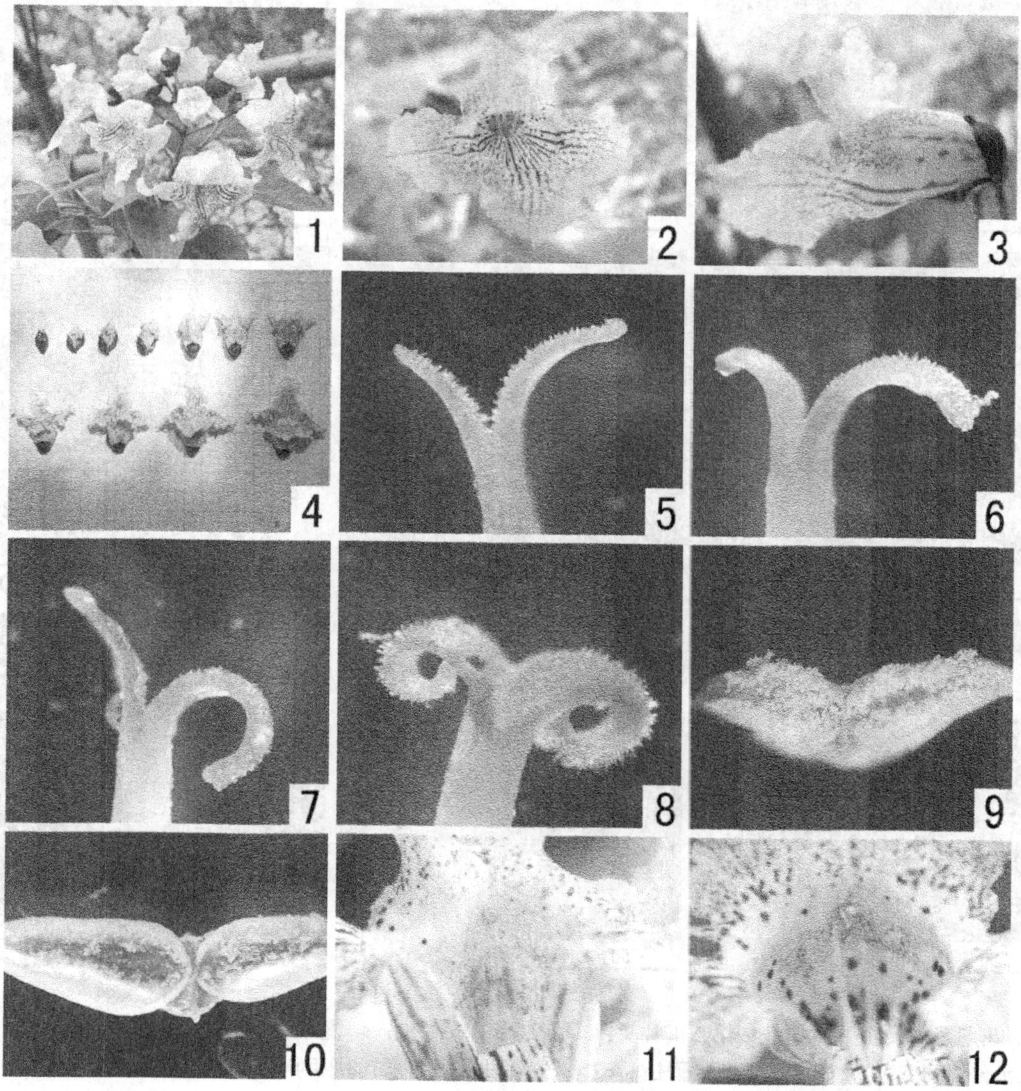


图版Ⅳ-1

1. 示花序形态；2、3. 示花朵正面、侧面形态；4. 示开花过程花冠的变化；5. 花期第 1 天柱头；6. 花期第 2~3 天柱头；7. 花期第 4 天柱头；8. 花期第 5 天柱头；9. 花期第 3~4 天开裂花药；10. 花期第 5 天已散粉花药；11. 雌雄异位；12. 花晚期的自动自交

1. The morphology of inflorescences; 2、3. The front and side morphology of flower; 4. The corolla morphology change during flowering process; 5. The first day stigma during flowering period; 6. The second and third

day stigmas during flowering period; 7. The forth day stigma during flowering period; 8. The fifth day stigma during flowering period; 9. The third and forth day anthers; 10. The fifth day anthers; 11. Herkogamy; 12. Autonomous self-pollination in late flowering period

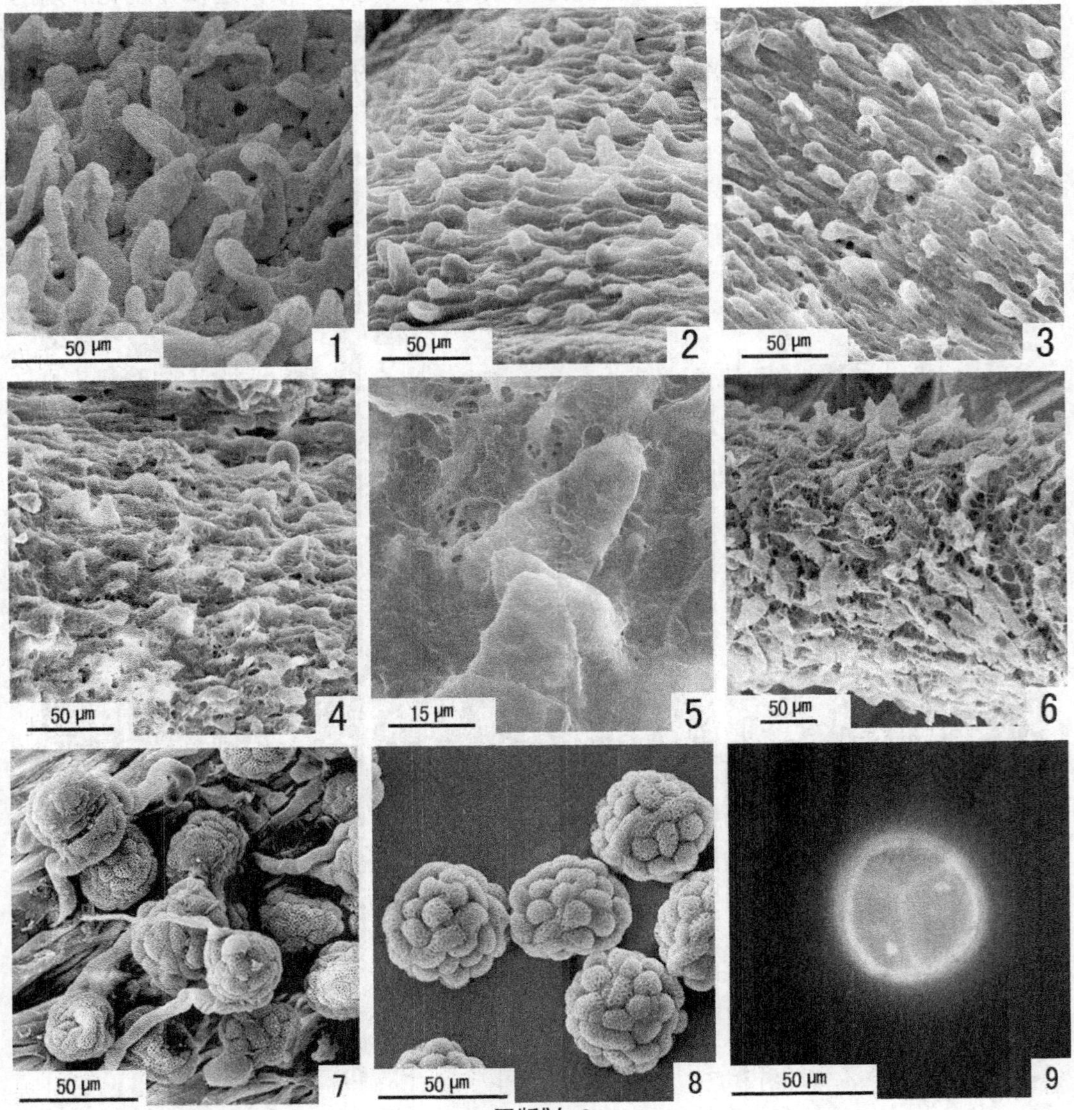


图版Ⅳ-2

1. 花期第1天柱头；2. 花期第2天柱头；3. 花期第3天柱头；4. 花期第4天柱头；5. 4的放大，示柱头分泌物变稀薄；6. 花期第5天柱头；7. 花粉在柱头的萌发；8. 楸树四合花粉；9. 成熟花粉DAPI染色，示二核

1. The first day stigma during flowering period; 2. The second day stigmas during flowering period; 3. The third day stigma during flowering period; 4. The forth day stigmas during flowering period; 5. Amplification of 4, shows the tenuous secretion of stigma; 6. The fifth day stigma during flowering period; 7. Pollen germination on the stigma; 8. Tetrad pollen grains of *Catalpa bungei*; 9. Two-celled mature pollen ( stain with DAPI)

# 第5章　楸树传粉与受精过程研究

双受精是被子植物独有的特征，也是被子植物生殖发育的核心过程（胡适宜、杨弘远，2002）。被子植物的双受精是指雄配子形成的两个精细胞，一个与卵融合，形成合子；另一个与含有两个极核的中央细胞融合，形成受精极核（Nawashin，1898；Maheshwari，1950）。然而，通常意义上所讲的被子植物受精过程，包括花粉在柱头萌发并长出花粉管，花粉管生长并通过花柱，花粉管进入胚囊和释放内容物，配子融合等一系列事件（胡适宜，2005）。在此过程中，花粉与雌蕊间发生了复杂的生理生化代谢反应，且由于遗传基因的控制表现出彼此间的亲和与不亲和类型（薛勇彪、孟金陵，1995；许智宏，1999；胡适宜、杨弘远，2002）。花粉-雌蕊间的不亲和拒绝可以发生在植物的柱头、花柱或子房，控制不亲和反应的基因可以是单位点或多位点，不亲和花粉或花粉管停止生长的生理生化机制也因植物种类不同而千差万别（孟金陵等，1995；胡适宜、杨弘远，2002；胡适宜，2005；吴华清等，2006）。然而，正因为植物受精过程的多样性与复杂性，才使整个过程犹如未解尽的谜团，始终吸引着广大植物生理学家和生殖生物学家的目光（胡适宜、杨弘远，1994；胡适宜，1998；周世良、洪德元，1998；葛丽丽等，2006）。

楸树属于紫葳科梓属，与国外相比，国内关于紫葳科植物生殖生物学的研究报道非常有限（樊汝汶等，1980，1981，1988），而楸树又是原产我国的珍稀名贵树种，未见国外有关于此树种受精生物学方面的研究报道。同紫葳科许多其他属的植物一样（Gibbs and Bianchi，1999；Bianchi，et al.，2005；Bittencourt，et al.，2003，2004，2005，2006，2010，2011），楸树自交不育（self-sterility），自然状态下很少结实或不结实，但关于其自交不育的确切胚胎学原因和机制尚不清楚。众所周知，自交不亲和（self-incompatibility，SI）和早期表现的近交衰退（early inbreeding depression，EID）都可能导致植物的自交不育（郝祎祺、赵鑫峰，2011），本章首次对楸树传粉受精过程进行细胞学观察和组织形态学分析，以查明导致其自交不育的具体原因。

## 5.1　材料与方法

### 5.1.1　材料

供试材料为：楸树（*Catalpa bungei* C. A. Meyer）和滇楸［*C. fargesii* Bur. f. *duclouxii*（Dode）Gilmour］。其中，楸树分别位于连云港后云台山国家森林公园内（以下

简称“连楸”）和南京老山林场内（以下简称“老山楸”），两者皆为人工林起源。据调查资料和笔者多年观察显示：连云港国家森林公园和老山林场两地的楸树很少见自然结实，而位于南京林业大学校园内的滇楸则能够自然结实。

### 5.1.2 方法

**1. 授粉处理**

授粉地设在连云港云台山国家森林公园内（119.28°E，34.43°N），选择健壮、冠幅宽阔的成龄楸树为授粉母株。自交组合为连楸（♀）×连楸（♂），两异交组合分别为连楸（♀）×老山楸（♂）（种内杂交），连楸（♀）×滇楸（♂）（种间杂交）。由于三者花期不遇，故自交所用花粉直接取自同株自花或异花成熟花药；异交所用的老山楸和滇楸花粉均于盛花期采摘成熟未开裂花药，适当阴干后置于离心管中，4 ℃冰箱保存备用。

根据第4章柱头可授性的测定结果，选择在柱头可授性相对较强的花期第2~3天开展人工授粉工作。2008—2010年间，每年授粉前均对各组合花粉进行离体萌发实验，以检测花粉活力，培养基及培养条件参考王改萍等（2008，2009）选择的最佳培养方案。但由于花期前后实验内容繁多，时间紧迫，仅对2008年花粉离体萌发的数据进行了记录和分析，由于每年种内和种间授粉组合所用花粉均采自同一母树，故2009年和2010年仅对花粉进行为期6 h的培养后观察其萌发情况。2008年受检花粉均设3个重复，每处理取3个视野以保证花粉总数超过100粒，以四合花粉团块为单位统计萌发率，取3重复的均值作为最终结果。授粉时以花序为单位，摘除顶端未开放花蕾，采用点触授粉法直接用开裂花药或小毛笔蘸取花粉点至二裂柱头上，授粉后柱头旋即闭合，不用去雄和再套袋。以大枝为单位挂牌标记，一部分用于显微结构观测，一部分统计坐果率。

**2. 取样及样品处理**

2008—2010年间采集不同授粉组合授粉后1 h、2 h、4 h、8 h、12 h、18 h、24 h、36 h、48 h、72 h、96 h和120 h的雌蕊各30枚，FAA（70%酒精：冰醋酸：甲醛=90：5：5）固定，4 ℃冰箱保存。

为观察自、异交花粉萌发和花粉管生长过程，取各授粉组合每个时间间隔的雌蕊10枚，参照胡适宜等（1994）改进的脱色苯胺蓝染色法制成压片，荧光显微镜下观察、拍照。花粉在柱头的黏附量、萌发率和花柱中花粉管数目的统计方法为：截取每个时间处理的10枚雌蕊各部位图像，用DT2000图像分析软件中的“图像合成”功能合成每个雌蕊的完整图像，再用“图像分割与测量”功能统计雌蕊不同部位花粉粒或花粉管数目，每个雌蕊每部位测量时截图3次，取平均值，每个时间处理黏附量和萌发率取10枚雌蕊的平均值。有关数据用Spass软件进行统计分析。

为观察胚囊内双受精过程，取各授粉组合授粉后24 h、36 h、48 h、72 h、96 h和120 h的雌蕊各5枚，剥除子房壁，采用杨弘远等（2001）爱氏苏木精整染后再整体透明法的方法，制作胚珠整体装片，Leica DM-5000B显微镜明视场或相差模式下观察、拍照。

剩余样品制作常规石蜡切片，爱氏苏木精整染或番红-固绿对染，对自、异交授粉后花粉-雌蕊相互作用的过程进行组织形态学观察。

**3. 花粉管在雌蕊中生长进程的表示方法**

参照王彩云等（2002）利用花芽分化指数表示花芽分化进程的方法，本研究用花粉管在雌蕊各部位的分布率表示其生长过程，绘制花粉管生长进程图（图 5-1）。将整个雌蕊长度设为单位 1，经测量花柱与子房的长度比约为 4 ：1，而柱头约占花柱总长的 15%，故以纵轴表示雌蕊长度，则 0~0.8 段代表花柱，0.8~1 段代表子房，0~0.12 段代表柱头。按授粉后时间顺序分别截取每个时间处理 10 枚雌蕊的柱头，花柱顶端、1/4、1/2、3/4 和基部，以及子房图像；统计各部位的花粉管数，合并 10 枚雌蕊各部位花粉管总数，计算各部位花粉管通过率：通过率（%）= 观测部位花粉管数/柱头萌发花粉管总数，则在该部位以上区间停止生长的花粉管分布率（%）= 1-通过率（%）。图中用一个黑点表示 1%的分布率，黑点越密，表示该时刻生长至该区域的花粉管比率越高。

## 5.2 结果与分析

### 5.2.1 不同授粉组合花粉离体萌发率的比较

离体培养 8 h，受检花粉的萌发率趋于稳定，由表 5-1 可知，三者均达到了较高的萌发值且彼此之间没有显著差异。因此，可认为用于授粉的各组合花粉本身均具备较强活力，不会对授粉实验的结果造成影响。

表 5-1 不同培养时间花粉离体萌发率（$\bar{X}$±SD）

Table 5-1 The germination rates in virtro in different culture time

| 培养时间（h） | 不同花粉萌发率（%） | | |
|---|---|---|---|
| | 连楸 | 老山楸 | 滇楸 |
| 4 | 45. 3±7. 6 Aa | 56. 3±5. 9 Aa | 49. 3±6. 2 Aa |
| 6 | 76. 3±5. 4 Aa | 82. 6±6. 1 Aa | 87. 8±3. 7 Aa |
| 8 | 81. 1±4. 7 Aa | 81. 7±3. 5 Aa | 86. 3±3. 1 Aa |

注：大、小写字母分别表示同行数据在 0. 01 和 0. 05 水平下差异显著。下同。

### 5.2.2 自交、异交柱头花粉黏附量的比较

花粉-柱头识别是受精作用的第一步，被接受的花粉在柱头上黏附、水合，长出花粉管。花粉在柱头上的黏附是识别反应的开端，它具有高度的特异性，并与花粉壁及柱头表面的糖蛋白有密切关系。从表 5-2 可以看出，自交柱头花粉黏附量随时间的增加而增加，并先后在授粉后 24 h 和 96 h 前后出现两次高峰；异交两组合在授粉后 4~8 h之内黏附量迅速增大，达高峰后有所减小。自交和两异交组合柱头花粉黏附量在授

粉后 24 h 以内差异显著；之后的若干小时 3 个授粉组合黏附量几乎无显著差异；直到授粉后 96 h，自交组合黏附量较异交有所增大。

由此可见：①楸树柱头能够在较短时间内迅速黏附大量异交花粉，尤其是种间杂交花粉，但对自花花粉的黏附识别反应时间较长；②抛开时间，就自交和种内、种间杂交柱头捕获花粉的能力来看，三者并无显著差异；③与异交不同，自交柱头在花冠即将脱落前（即授粉后 96~120 h）黏附量有所增加，这可能与其具有延迟自交倾向有关。

表 5-2　授粉后不同时间自交、异交柱头花粉黏附量

Table 5-2　The average number of pollen grains adhered on the stigma after self- and outcross pollinated

| 授粉后时间（h） | 不同组合花粉黏附量 | | |
|---|---|---|---|
| | 连楸×连楸 | 连楸×老山楸 | 连楸×滇楸 |
| 1 | 0. 2 Aa | 3. 7 Bb | 6. 0 Cc |
| 2 | 6. 0 Aa | 25. 7 Bb | 65. 5 Cc |
| 4 | 16. 8 Aa | 84. 6 Bb | 96. 3 Bb |
| 8 | 44. 0 Aa | 93. 7 Bb | 76. 4 Bb |
| 12 | 48. 3 Aa | 81. 5 Bb | 84. 8 Bb |
| 18 | 52. 8 Aa | 77. 0 Bb | 82. 3 Bb |
| 24 | 82. 8 Aa | 86. 7 Aa | 89. 5 Aa |
| 36 | 61. 2 Aa | 80. 5 Ab | 74. 0 Aab |
| 48 | 63. 5 Aa | 70. 7 Aa | 67. 0 Aa |
| 72 | 73. 1 Aa | 75. 5 Aa | 71. 8 Aa |
| 96 | 82. 2 Ab | 72. 7 Aab | 63. 3 Aa |
| 120 | 85. 0 Bb | 70. 7 ABa | 61. 7 Aa |

## 5. 2. 3　自交、异交花粉原位萌发的比较

无论自交或异交花粉粒均能在柱头萌发，只是萌发时间和萌发率存在一定差异。如表 5-3 所示，两异交组合于授粉后 2 h 开始萌发，而自交授粉后 4 h 才有少量花粉萌发；异交组合连楸×滇楸、连楸×老山楸，分别于授粉后 4 h 和 8 h 达最大萌发值，而自交于授粉后 18~24 h 前后才到达萌发高峰。可见自交柱头对花粉的识别耗时较长。就萌发率而言，授粉后 8 h 以内 3 个授粉组合差异极显著，之后仅自交与异交之间存在差异，两异交组合之间并无显著差异。另外，两异交组合最大萌发值均达 90% 以上，高于离体培养最大萌发值；而自交最大萌发率为 76. 7%，小于离体培养最大萌发值。可见，楸树柱头分泌物有利于异交花粉萌发和花粉管生长，而对自交花粉萌发不利。

荧光压片和石蜡切片观察发现：自交授粉后 2~4 h 柱头上很少有花粉粒黏附，但

乳突上有少量胼胝质沉积（图版Ⅴ-1-1）；8~18 h 柱头花粉黏附量增大，一部分柱头样品中观察到花粉粒萌发，但生长方向杂乱（图版Ⅴ-1-2）；24 h 花粉大量萌发，且生长无序的程度有所缓解，但花粉管仅在柱头和花柱上端极短的范围内生长，未能大量进入花柱引导组织，在柱头与花柱顶端接合处可见明显星点状胼胝质反应（图版Ⅴ-1-3）；48 h 以后花粉在柱头萌发受阻的各种表现均有所减退，此时的花粉粒能够像异交一样整齐有序地萌发，并进入花柱继续生长（图版Ⅴ-1-4）。另外，通过对授粉后柱头石蜡切片的观察，发现自交授粉后 24 h 之前的柱头上，经常会有一些萌发的花粉管在进入柱头组织后不久，即发生扭曲盘结、顶端肿胀等停止生长的现象（图版Ⅴ-2-1）；也有部分自交授粉后的柱头，花粉黏附量始终很小，这些柱头的乳突上均积累了厚厚的胼胝质（图版Ⅴ-1-5）。与自交相比，异交授粉后花粉在柱头上能够迅速萌发，未见柱头有明显的胼胝质沉积，花粉管生长整齐有序，花粉管内间隔有序地出现胼胝质塞（图版Ⅴ-1-6）。柱头乳突上的胼胝质沉积通常被认为是花粉与柱头不亲和的重要表现（张桂玲等，2003）。通过楸树自交、异交萌发率对比，自交柱头上明显的胼胝质沉积，以及花粉管无序生长、顶端膨大等现象，说明自交花粉在柱头上的萌发和生长受到一定的阻碍，但授粉 48 h 以后这种来自柱头的阻碍作用明显减退，并不影响大部分花粉管继续生长进入花柱、子房。

关于授粉后 96 h 自交柱头花粉黏附量有所增加而萌发率降低的问题，我们对比观察了同时期异交柱头的石蜡切片，发现此时异交柱头已严重萎蔫，多数花粉粒内容物已流出，仅剩空壳（图版Ⅴ-2-2）；而自交柱头萎蔫程度相对较轻，仍可见部分未萌发花粉粒（图版Ⅴ-2-3）。荧光显微镜下观察发现：此时的异交柱头上的花粉粒已萎缩变形（图版Ⅴ-1-7），而自交柱头上一些花粉粒尚处于刚刚萌发或准备萌发的状态（图版Ⅴ-1-8）。可见，此时自交柱头与部分花粉间的识别反应仍在继续；而异交柱头的萎蔫与花粉粒萎缩变形仅剩空壳，说明花粉粒大量萌发的过程早已结束，柱头的严重萎蔫正是花粉粒吸取柱头水分、养分用于萌发所致。

**表 5-3　自交和种内、种间异交授粉后柱头花粉萌发率**

Table 5-3　The germination rate of pollen grains on self- and outcross-pollinated stigmas

| 授粉后时间（h） | 不同组合花粉萌发率（%） | | |
|---|---|---|---|
| | 连楸×连楸 | 连楸×老山楸 | 连楸×滇楸 |
| 1 | 0 Aa | 0 Aa | 0 Aa |
| 2 | 0 Aa | 24.0 Bb | 54.5Cc |
| 4 | 22.9 Aa | 76.6 Bb | 93.5 Cc |
| 8 | 33.4 Aa | 95.4 Bb | 92.0 Bb |
| 12 | 49.0 Aa | 90.7 Bb | 89.4 Bb |
| 18 | 64.2 Aa | 83.5 Bb | 89.1 Bb |
| 24 | 76.7 Aa | 88.0 Bb | 90.3 Bb |
| 36 | 70.3 Aa | 90.2 Bb | 91.5 Bb |

续表

| 授粉后时间（h） | 不同组合花粉萌发率（%） | | |
|---|---|---|---|
| | 连楸×连楸 | 连楸×老山楸 | 连楸×滇楸 |
| 48 | 74.5 Aa | 89.7 Bb | 92.7 Bb |
| 72 | 69.7 Aa | 85.3 Bb | 87.4 Bb |
| 96 | 60.4 Aa | 89.7 Bb | 91.2 Bb |
| 120 | 62.1 Aa | 86.8 Bb | 89.6 Bb |

### 5.2.4 自交、异交花粉管在花柱和子房中生长进程的比较

楸树花柱介于中空和实心之间，萌发的花粉管先在柱头分泌物中穿行，并逐渐向柱头中部两列维管束附近汇总，在两柱头裂片合拢处完成集结，沿花柱中央引导组织胞间隙或维管束两侧向下生长直至子房。从花粉管生长进程图5-1中可以看出，两异交组合花粉管在花柱中生长速度较快，授粉后4 h已有花粉管进入花柱；经过4~8 h迅速生长，异交组合连楸×滇楸和连楸×老山楸分别于授粉后8 h和12 h到达花柱中部；授粉后18 h前后到达花柱基部；并于授粉后36~48 h进入子房。与之相比，自交花粉管进入花柱的时间是授粉后24 h。在未来1 d内大多数花粉管一直在柱头和花柱接合处上下区域内缓慢生长，直到授粉后48 h一部分花粉管才到达花柱中部或基部，授粉后72 h、96 h大部分花柱中观察到花粉管进入子房，虽然最终进入子房的自交花粉管数量明显少于异交组合，但依然有42%的自交花粉管能够进入子房。

对比自交、异交花粉管在花柱和子房中的荧光压片发现：在花柱顶端两柱头裂片合拢处，常见自交授粉后24 h的花柱组织中沉积斑点状胼胝质（图版Ⅴ-1-3），且荧光强度高、持续时间较长，直到授粉后48 h的样品中才观察不到此部位花柱组织的荧光。同时期的两异交样品中，偶尔也会观察到该部位有少量胼胝质沉积，但一般这些样品的柱头花粉黏附量相对较少。通过此区域的花粉管数量与柱头花粉萌发量相比自交减少了25%左右，两异交组合也分别减少了5%和10%，可见此处是阻碍花粉管顺利进入花柱的关键区域，花粉管的“竞争”效应在此处表现最为明显。进入花柱上端，异交花粉管壁内开始均匀地出现胼胝质塞（图版Ⅴ-1-9），胼胝质栓塞的存在将花粉管的后部内腔堵死，使花粉管内腔成为不连续系统，同时防止管内原生质倒流，从而保证花粉管的顶端生长（Krichevsky，et al.，2007）。而自交花粉管中胼胝质塞数量较少，且观察到小部分花粉管顶端胼胝质异常积累、膨大、终止生长（图版Ⅴ-1-10）。自交和两异交花粉管在花柱中、下部的生长除数量上的区别外，无明显结构特征上的差异（图版Ⅴ-1-11、图版Ⅴ-1-12）。花粉两异交组合于授粉后48 h大量花粉管进入子房，如图版Ⅴ-2-1所示，大量花粉管呈束状沿胎座进入子房（图版Ⅴ-2-4）；自交花粉管进入子房的时间是授粉后72 h数量比异交少，所以看不到花粉管束，而且有些花粉管在子房中表现出类似于花柱中停止生长时的状态——花粉管顶端胼胝质异常积累、膨大（图版Ⅴ-2-5）。

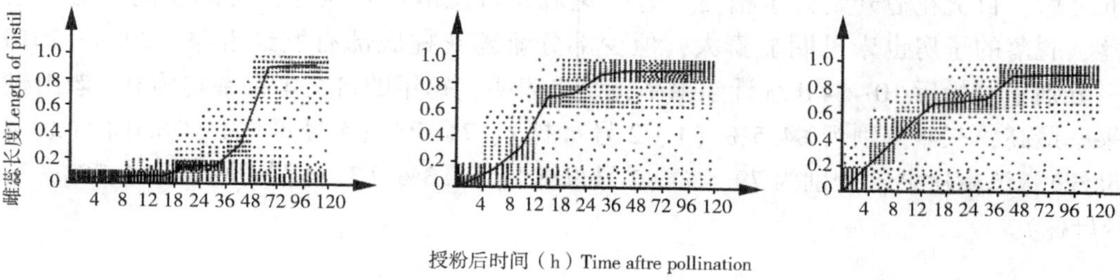


1.连楸 × 连楸 Lian qiu × Lian qiu　　2.连楸 × 老山楸 Lian qiu × Lao shan qiu　　3.滇楸 × 滇楸 Dian qiu × Dian qiu

**图 5-1　自交与异交花粉管在雌蕊中生长进程图**

Fig. 5-1　The process of pollen tube growth in self-and outcross-pollination pistil

## 5.2.5　自交、异交胚囊内双受精过程的比较

授粉后 72 h，两异交组合大量胚珠被花粉管从珠孔端穿透（图版Ⅴ-2-6），在授粉后 96~120 h 的样品中观察到大多数胚囊内已发生了双受精。自交授粉后的子房中始终看不到多数胚珠被花粉管穿透的景象，偶尔看到一些花粉管在胚珠表面扭曲盘结（图版Ⅴ-2-7）。不过这可能与我们实验方法的局限性有关，因为为了能看到原始的花粉管进入子房后的行进状态，并没有剥离子房壁，只是将其划开后直接压片，这样做的缺点是难免有许多胚珠被子房壁遮挡。在自交授粉后的胚珠整体透明装片中，虽观察到助细胞退化的景象，但未观察到明确的双受精过程的发生，判断的标准是中央细胞的两个未融合的极核是受精前胚囊的特征（图版Ⅴ-2-8）。

在双受精发生前，胚囊结构如图版Ⅴ-2-9 所示：卵细胞靠近胚囊的侧壁，大小与助细胞相似，细胞核位于合点端，液泡区位于珠孔端；两个助细胞位于卵细胞两侧，紧贴珠孔下的胚囊壁，极性与卵细胞相反，细胞核位于珠孔端，图版Ⅴ-2-9 仅显示了其中一个，另一个助细胞不在此聚焦平面内；中央细胞已从胚囊中部移向卵细胞附近，为受精做好准备，两个极核在受精前相互靠近但不融合，中央细胞与卵细胞之间有薄薄的细胞壁。当异交花粉管穿透胚珠由珠孔进入胚囊后，会在其中一个退化的助细胞中破裂，释放 2 个精子、1 个营养核及其内容物，其中一个精子与卵细胞结合形成受精卵，另一个与中央细胞结合形成受精极核。但由于此过程非常短暂且退化的助细胞染色较深，我们并没有观察到明显的花粉管破裂释放内容物的过程，但却观察到两个精子分别与卵细胞和中央极核的融合（图版Ⅴ-2-10）。Bittencourt 等（2003）曾根据卵细胞与中央细胞间的细胞质环钩判断 *Spathodea campanulata* 胚囊中是否发生了双受精。楸树受精后胚囊中虽然也出现类似的细胞质环钩，但不明显。楸树的卵细胞与中央细胞间存在细胞质索，似乎间接说明了精子的运动轨迹（图版Ⅴ-2-11）。

## 5.2.6　自交、异交坐果率的比较

授粉后 96 h，对比授粉与未授粉雌蕊，发现两异交雌蕊柱头发黄，花柱底部变红，子房略显膨大；而自交雌蕊除柱头萎蔫外未见子房有其他明显变化（图版Ⅴ-2-12）。

96 h 之后，自交花冠开始失水枯萎，有的花冠先行脱落仅剩雌蕊，有的连同子房一起脱落，脱落的子房也未见明显膨大，但少部分雌蕊花柱底部有发红现象。2008—2010年，分别于授粉后 10~14 d 统计坐果率，结果表明：每年的自交坐果率均为 0；老山楸坐果率最高，三年分别为 84.5%（1、2 号母株）、71.5%（4 号母株）、76.0%（3、4 号母株）；滇楸次之，分别为 79.5%（2 号母株）、64.3%（3、4 号母株）、74.7%（3、4 号母株）。

## 5.3 结论与讨论

### 5.3.1 楸树自交、异交亲和性的比较

植物的授粉受精是一个复杂的过程，从花粉落在柱头上开始，经过黏附、水合、萌发，花粉管在花柱内生长，直至到达子房发生双受精作用，整个过程受到严格的遗传控制和细胞控制。本研究发现，楸树自交和异交授粉后花粉萌发和花粉管生长均呈现较大差异。具体表现为：自交花粉在柱头上黏附总量少、识别反应时间长、萌发率低于异交；自交授粉后 48 h 之前花粉在柱头的萌发受到严重阻碍，在此之后花粉管生长状态虽与异交差异不大，但在花柱中的生长速度明显慢于异交；约 36% 的自交花粉管在柱头和花柱上端受到抑制停止生长，仅 42% 的自交花粉管能够到达子房，但不能进入胚珠或进入胚珠而不能完成双受精。与之相比，两异交组合大部分花粉管能够进入子房并最终顺利完成双受精。可见楸树具有明显的自交不亲和性，而种内和种间杂交是亲和的。

两异交组合连楸×滇楸和连楸×老山楸人工授粉后均能够大量结实，两者无论在花粉萌发率、花粉管生长速度及坐果率等方面均无本质差别。只是滇楸花粉在楸树柱头上萌发花费的时间少于老山楸，而花粉管在花柱中生长却比老山楸耗费更多时间。比较两者的坐果率，异交组合连楸×老山楸略大于连楸×滇楸；比较两者与连楸的亲缘关系，滇楸远于老山楸。可见，花粉管生长速度与坐果率、亲和性呈正相关关系，而它们又受交配亲本亲缘关系远近的影响。连楸种内异交亲和性优于种间异交，这与郝明灼等（2008）、王苏珂等（2008）、王小艳（2008）等对楸树杂交组合及杂种性状的研究结果相一致，也符合植物系统进化规律——种、属间杂交存在的不亲和性有利于保持物种的稳定性（胡适宜、杨弘远，2002）。生产中可利用这一规律，选择不同品种、类型的楸树以及亲缘关系相对较近的滇楸、灰楸等进行种内、种间杂交，利用杂种优势，实现种质创新。

### 5.3.2 楸树自交不亲和的类型及特征

楸树自交花粉管的抑制不像传统意义上特征明确的合子前 SI 类型——SSI 或 GSI 那样统一发生在雌蕊的某一个部位，如 SSI 型自交花粉管多数在柱头被抑制，GSI 型在花柱上端被抑制（胡适宜，2005）。其自交花粉管的拒绝发生在雌蕊的不同部位：有的花粉粒在柱头上就迷失方向，向着与花柱相反的方向生长；有的花粉管在花柱上端顶端

膨大而停止生长；还有的在胎座上停止生长。虽然花粉与雌蕊间表现出如此多层次的识别与拒绝，但这些识别和拒绝的表现依然如经典 SI 机制的表型一样，具有一定的时空概念：如自交授粉后 48 h 之前花粉粒在柱头的萌发和生长普遍受到抑制，但 48 h 之后这种抑制似乎不那么明显了；同样，那些在柱头裂片与花柱接合处或花柱上端顶端膨大停止生长的花粉管也只是出现在自交授粉后 72 h 之前的样品中，而且是在花粉黏附量相对较小的样品中；在此之后的所有样品柱头均黏附了大量花粉，花柱中的花粉管形态也与异交的无异。但花粉管在柱头、花柱中缓慢的生长速度加上花粉管之间的竞争效应，使得授粉后 96 h 进入子房的花粉管数量非常有限，如同自交授粉后 72 h 前进入花柱的花粉管数量少时便会发生部分花粉管在花柱上端停止生长的现象一样，此时部分花粉管在胎座上停止生长也许跟子房内花粉管数量稀少有关。综合看来，似乎楸树自交花粉管在雌蕊各部位的识别与拒绝程度都与花粉在柱头的抑制程度有关，自花授粉的第一步——花粉与柱头间的黏附与识别是楸树受精过程的关键因子，它决定着后续事件的进度和成败，而花粉管从柱头开始即表现出的缓慢的生长速度也许是引发楸树自交不亲和的主要原因。

传统意义上的自交不亲和机制包括三种类型，即同型孢子体自交不亲和（homomorphic SSI）、同型配子体自交不亲和（homomorphic GSI）和异型自交不亲和（heteromorphic SI）（de Nettancourt，1977；Barrett，1988）。它们通过基因控制或生物化学机制抑制花粉在柱头萌发或花粉管在花柱中生长。然而 Seavey 和 Bawa（1986）发现除上述几种自交不亲和的类型外，在一些植物中存在着自交花粉管能够长入子房并穿透胚珠，但却不能坐果的现象。他们列举了 16 个科 20 种具有这一现象的植物，并把这种现象命名为晚期作用的自交不亲和（late-acting self-incompatibility，LSI）或者更中性一点的说法，叫作子房内自交不亲和（ovarian self-incompatibility，OSI）。晚期作用的自交不亲和既可以是合子前（pre-zygotic）也可以是合子后（post-zygotic）的作用机制。合子前的晚期自交不亲和机制中，自交花粉管能生长至子房或穿透胚珠，但不发生受精作用。如 *Acacia retinodes* 自交花粉的花粉管被珠心组织阻断而不能进入胚囊（Kenrick，et al.，1986）；*Theobroma cacao* 自交花粉管能生长进入胚囊，但雄配子未能与卵结合（Knight，et al.，1955）；合子后晚期自交不亲和是指自交花粉的精细胞能与卵细胞结合形成合子，但在受精作用发生后很短的时间内，母本基因型与合子基因型相互作用发生主动的败育（Lipow and Wyatt，2000）。

紫葳科大多数植物都是这样的合子后晚期自交不亲和类型（Gibbs and Bianchi，1999；Bianchi，et al.，2005；Bittencourt，et al.，2003，2004，2005，2006，2010，2011）。它们的自交花粉管在柱头和花柱中的生长与异交并无差异，大多数胚珠能被花粉管穿透，并能顺利完成双受精，胚乳核也能正常分裂，只不过胚珠穿透及后续事件发生的时间比异交要迟缓，通常在初生胚乳核分裂后不久雌蕊统一脱落，而在此过程中未见胚珠表现出任何衰退的迹象，所以排除近交衰退的可能，认为是合子后-晚期自交不亲和机制。与之相比，楸树自交授粉后从花粉在柱头上黏附、萌发起，速度就明显慢于异交，在此之后的所有事件，包括花粉管在花柱中生长、进入子房、穿透胚珠均比异交慢；而且花粉管在柱头、花柱和子房中均有不同程度地被抑制表现。虽然最终花粉管能够进入子房并穿透胚珠、进入胚囊，但能够生长到花柱基部并进入子房的花粉管数量明显小于异交；直到雌蕊脱落前，胚囊内未见双受精发生。其自交花粉管最终被拒绝的位置在子房，时间在合子形成前，属于合子前晚期自交不亲和（pre-zygotic late-acting self-incompatibility）类型。这种自交不亲和类型在紫葳科现已报道的不亲和植物中尚属首例。

### 5.3.3 楸树自交不亲和遗传机制的推测

楸树自交不亲和的表型与配子体型自交不亲和的甜菜十分相似。Savitsky（1950）早期对甜菜进行细胞学研究时发现：甜菜自花授粉后花粉管生长非常缓慢，不像异交花粉管那样授粉后 24 h 即到达胚囊，而是需要 7~8 d 才能到达胚囊，他们认为花粉管在花柱中的缓慢生长是甜菜不亲和的主要原因。随后某俄罗斯科学家利用荧光显微镜观察到甜菜自交不亲和反应主要发生在柱头表面附近，花粉在柱头虽能萌发但只能形成短而粗的花粉管，大部分花粉管在柱头表面停止生长，只有少部分很细的花粉管可以生长到子房，但多形成分枝、加粗并向反方向弯曲而不能进入胚囊（吕政恒，2010）。这种现在看来应属于 LSI 类型的不亲和表型特征在当时被认为是罕见的，因为有别于传统的单基因位点控制的 SI 体系的表现方式。通过一系列对甜菜 SI 的遗传学本质的研究发现：甜菜的 SI 并非受单一位点控制，而是由 2 个以上，很可能是 3~4 个互补互作的基因位点控制，也可能是更多位点控制，只是因为以隐性纯合的形式存在而未被发现（Lundqvist, et al., 1973；Larsen, 1977；Maletsky, et al., 1978）。同样是合子前 LSI 类型的可可，自交花粉管最终被拒绝的时间和方式与楸树相同，也是花粉管能够进入胚囊，但雄配子未能与卵结合（Knight and Rogers, 1955）。对其遗传学本质的研究认为其 LSI 是由 3 个不连锁的 S-位点控制，既有孢子体机制也有配子体控制机制（Cope, 1958, 1962；Knight, et al., 1955；Jacob, 1980）。虽然 Lipow 和 Wyatt（2000）通过双列杂交实验证明 *Asclepias exalta* 的自交不亲和是由单一 S-位点控制的，但并没有说明是 SSI 类型还是 GSI 类型。目前，对于 LSI 现象的遗传学本质并不十分清楚，但多数学者倾向于认为 LSI 现象是受少数几个主要 S-位点基因控制的配子体自交不亲和类型（Bittencourt, et al., 2003；Allen and Hiscock, 2008；郝祎祺、赵鑫峰，2011）。

从楸树自交花粉管与雌蕊组织间识别与拒绝发生的时空格局的多样性来推测，似乎其 LSI 是由多个 S-位点控制的可能性比由单一位点控制的可能性更大些。从自交授粉后花粉在柱头黏附、萌发的过程中柱头乳突上表现出的大量胼胝质沉积，以及花粉管出现的扭曲盘旋与倒长的事实来看，楸树的 LSI 的表型，似乎与十字花科（Cruciferae）、菊科（Compositae）、旋花科（Convolvulaceae）等孢子体型自交不亲和（SSI）植物的表型相同（Harrison, 1975；de Nettancourt, 1977）。但部分花粉管在花柱，特别是花柱上端，出现顶端膨大而停止生长的现象，又是茄科（Solanaceae）、蔷薇科（Rosaeeae）和玄参科（Scrophulariacea）等配子体型自交不亲和（GSI）植物表现出的特征（Bateman, 1955；Takayama and Isogai, 2005；蓝兴国等，2005）。但并不能就此认为楸树的 LSI 既有 SSI 又有 GSI 方式。因为像罂粟，虽是孢子体型自交不亲和类型，但其花粉管被抑制的部位却在柱头乳突，与 SSI 型植物具有相同的表型（胡适宜，2005）。但事实上罂粟的不亲和反应是有别于以上两者的另一套复杂的信号级联反应系统，以细胞质内 $Ca^{2+}$ 为第二信使，通过 $Ca^{2+}$ 把 SI 的胞外信号转变为胞内信号，形成一个信号传递网络，引起相关花粉蛋白磷酸化、蛋白激酶被激活及 F 肌动蛋白解聚引发 PCD 等其他下游事件的发生，最终使花粉管生长停止（刘珠琴，2010）。所以，我们不能根据楸树自交不亲和的表型来确定其是否由单一 S-位点控制或多基因位点控制，是否属于孢子体或配子体自交不亲和类型。我们只能通过其不亲和的表现推测其可能是由多位点控制的，既有孢子体不亲和类型的可能，又有配子体不亲和类型的可能，或者两种类型兼有。

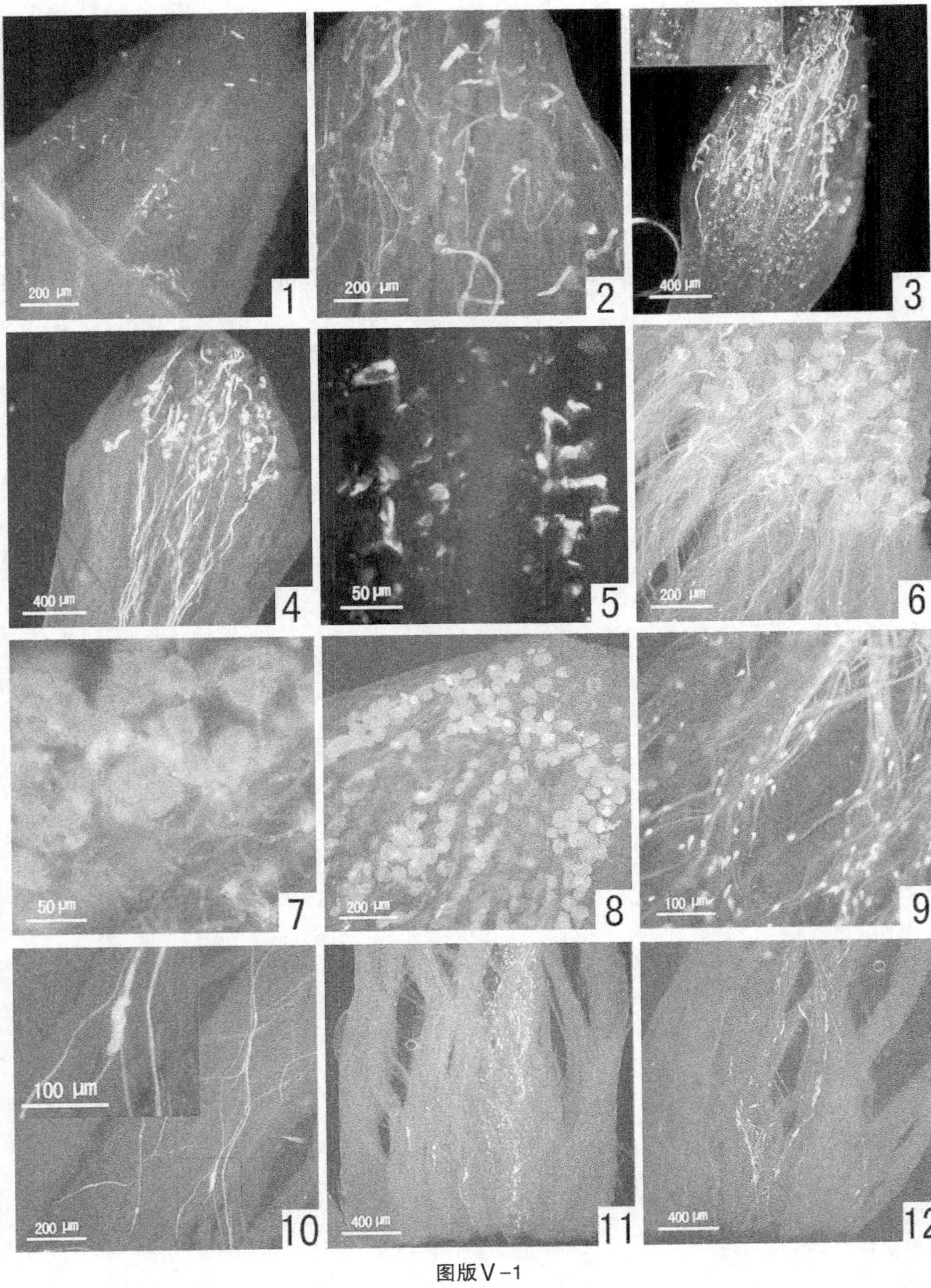


图版Ⅴ-1

1. 自交授粉后 4 h 柱头，示乳突上胼胝质沉积；2. 自交授粉后 12 h 柱头，示花粉管无序生长；3. 自交授粉后24 h柱头，示花柱顶端星点状胼胝质沉积；4. 自交授粉后48 h柱头，示大量花粉管进入花柱；5. 自交授粉后12 h花粉黏附量极少的柱头，示乳突细胞表面厚厚的胼胝质沉积；6. 异交授粉后8 h柱头，示花粉大量萌发，整齐生长；7. 异交授粉后96 h柱头，示花粉粒萎缩；8. 自交授粉后96 h柱头，示花粉黏附量增大，部分花粉粒正在萌发；9. 异交授粉后24 h花柱上部，示花粉管壁内均匀的胼胝质塞；10. 自交授粉后48 h花柱上部，示花粉管顶端膨大停止生长；11. 异交授粉后48 h花柱基部大量花粉管通过；12. 自交授粉后72 h花柱基部少量花粉管通过

1. Stigma of 4 h after self-pollinated, shows small quantity callose deposition on papillose cells; 2. Stigma of 12 h after self-pollinated, shows disordered pollen tubes; 3. Stigma of 24 h after self-pollinated, shows star shape callose deposition at the top of style; 4. Stigma of 48 h after self-pollinated, shows a huge bundle of pollen tubes going into style; 5. Stigma with less pollen grains adhered of 12 h after self-pollinated, shows a large quantity of callose deposited on papillose cells; 6. Stigma of 48 h after outcross-pollinated, shows a large number of pollen tube germinated orderly; 7. Stigma of 96 h after outcross-pollinated, shows atrophic pollen grains; 8. Stigma of 96 h after self-pollinated, shows increased pollen adhesion rate and pollen grains just germinated; 9. The upper style of 48 h after outcross-pollination, shows uniform callose plugs turned out in the inner wall of the pollen tube; 10. The upper style of 48 h after self-pollination, shows the top of the pollen tube abnormal expanded and stopped growing; 11. Style of 48 h after outcross-pollinated, shows lots of pollen tubes going throw the base of style; 12. Style of 72 h after self-pollinated, shows a few pollen tubes passing through the base of style

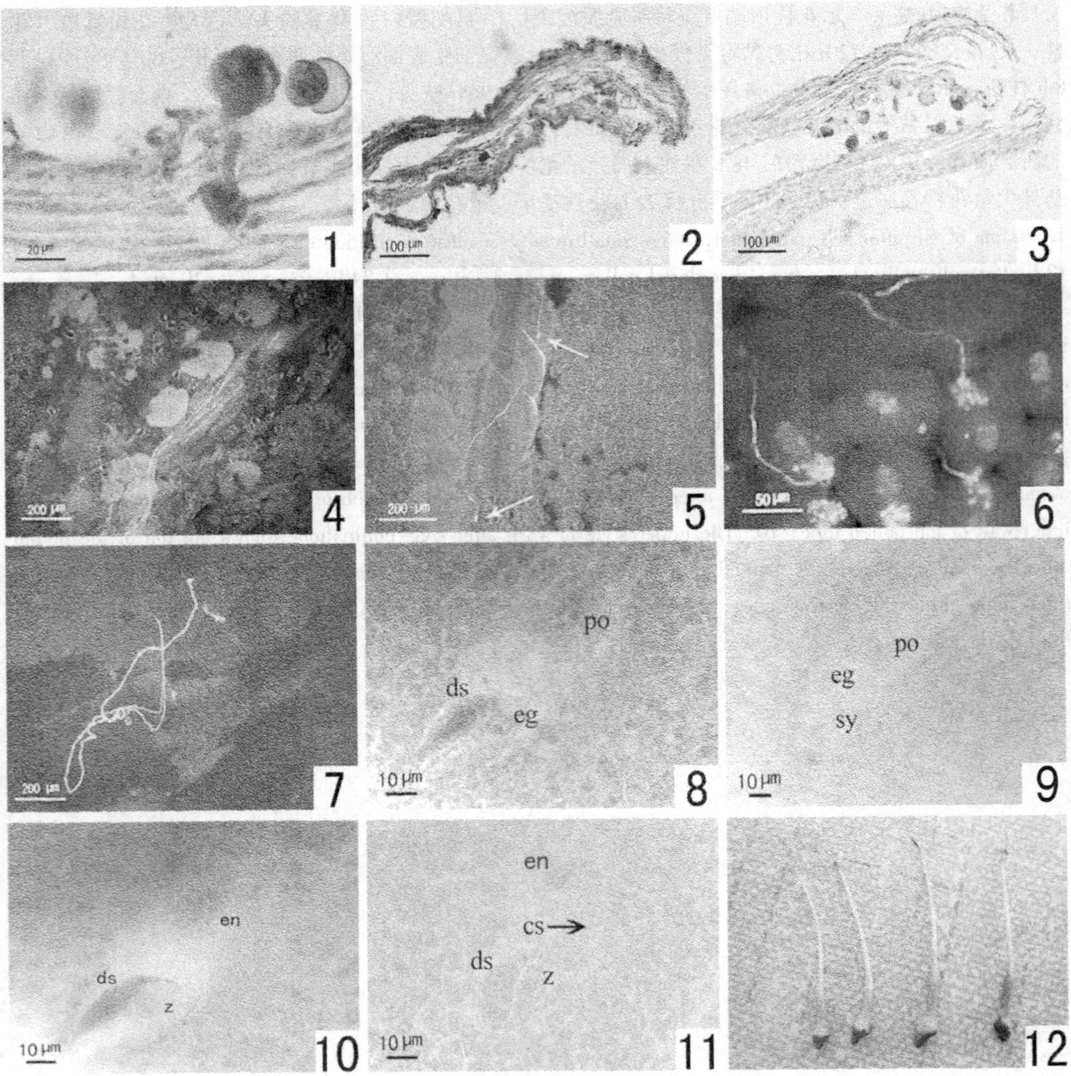


图版Ⅴ-2

cs：细胞质索；ds：被穿透的助细胞；eg：卵细胞；en：初生胚乳核；po：中央极核；sy：助细胞；z：合子

cs：cytoplasmic strand；ds：degenerate synergid；eg：egg cell；en：endosperm nucleus；po：polar nucleus；sy：synergid；z：zygote

1. 自交授粉后 8 h 柱头，示花粉管扭曲盘旋，顶端膨大停止生长；2. 异交授粉后 96 h 柱头，示花粉萌发后内容物流出，仅剩空壳；3. 自交授粉后 96 h 柱头，示未萌发花粉粒；4. 异交授粉后 48 h 子房，示束状花粉管沿胎座生长；5. 自交授粉后 72 h 子房，示花粉管顶端胼胝质异常积累、膨大、停止生长；6. 异交授粉后 72 h 多数胚珠被花粉管穿透；7. 自交授粉后 72 h 花粉管在胚珠表面扭曲盘结；8. 自交授粉后 120 h 未受精胚囊；9. 双受精发生前成熟胚囊；10. 异交授粉后 96 h 胚囊，示双受精；11. 异交授粉后 120 h 胚囊，示细胞质索和初生胚乳核分裂；12. 授粉与未授粉雌蕊形态差异，从左到右依次示未授粉、自交授粉、连楸×老山楸、连楸×滇楸授粉后 96 h 雌蕊

1. Stigma of 8 h after self-pollinated, shows distorted and tumefaction pollen tube; 2. Stigma of 96 h after outcross-pollinated, shows pollen grains whithout contents; 3. Stigma of 96 h after self-pollinated, shows pollen grains before germination full of contents; 4. Ovary of 48 h after outcross-pollinated, shows fascicular pollen tubes went along the placenta; 5. Ovary of 72 h after self-pollinated, shows pollen tubes ceased because of large quantity of callose accumulated at the tip of them; 6. Ovary of 72 h after outcross-pollinated, shows ovules penetrated by the pollen tubes; 7. Ovary of 72 h after self-pollinated, shows distorted pollen tubes on the surface of ovules; 8. Unfertilized embryo sac of 120 h after self-pollinated; 9. The mature embryo sac before fertilization; 10. Fertilized embryo sac of 96 h after outcross-pollinated; 11. Embryo sac of 120 h after outcross-pollinated, shows cytoplasmic strand and primary endosperm nucleus mitosis; 12. Morphological difference between pollinated and unpollinated pistils at 96 h after pollination, from left to right: unpollination, self-pollination, cross-pollination (Lian qiu×Laoshan qiu), cross-pollination (Lian qiu×Dian qiu)

# 第6章　楸树杂交种胚、胚乳的发育及种子特性的研究

胚和胚乳同是双受精的产物，它们在发育过程中有着密切的联系。胚最后成为新一代独立生活的孢子体，而胚乳则是作为一种特殊的营养组织，或迟或早被胚的发育吸收而不复存在（胡适宜，2005）。精卵融合后形成合子，从合子分裂开始标志着胚生长发育的开始。通常胚发育的启动较胚乳晚，分裂前会经历一个或长或短的“休眠期”，在这段看似静止的时期，合子其实经历着复杂的细胞质重组运动（Jensen，1968；Schulz and Jensen，1968；Williams，et al.，1984）。合子经历原胚和胚的发育和分化，最终达到成熟。被子植物的胚乳通常是三倍体的结构，在初生胚乳核形成后不久先于合子随即分裂。根据初生胚乳核分裂后是否形成细胞壁，将胚乳分成三种类型：核型、细胞型和介于两者之间的沼生目型（胡适宜，2005）。胚乳在胚囊中的存在一直被认为是胚生长发育的营养来源，胚乳的发育程度和存在时间在不同植物中有很大差异（刘林德等，1998a，1998b；王仲礼等，1999，2006；杨琴军等，2003；胡适宜，2005）。国内外有关紫葳科梓属植物胚和胚乳发育的研究报道非常有限（Mauritzon，1935；Soueges，1940；Govindu，1950；樊汝汶，1980、1981），尚未见有关楸树胚和胚乳发育的相关报道。

因为楸树具有明显的自交不亲和性，我们通过人工授粉得到了种内杂交连楸（♀）×老山楸（♂）和种间杂交连楸（♀）×滇楸（♂）的果实，但杂交种实普遍存在结籽率低下的问题，杂交种子存在饱满率、发芽率低下的问题（郝明灼等，2008）。本章首次对楸×楸和楸×滇楸的杂交种胚和胚乳发育过程进行组织形态学观察，并对杂交种子进行数量和形态的观察与分析，从胚胎学角度探寻杂交种实结籽率低下、杂交种子饱满率和生活力低下的原因。

## 6.1　材料与方法

### 6.1.1　材料

供试材料为：楸树（*Catalpa bungei* C. A. Meyer）种内杂交以及与滇楸［*C. fargesii* Bur. f. *duclouxii*（Dode）Gilmour］种间杂交所得的杂交种实。以连云港后云台山国家森林公园内的楸树为母本，分别以老山林场楸树和南京林业大学校园内的滇楸为父本进行种内和种间杂交，分别以“LS×”表示连楸×老山楸，“D×”表示连楸×滇楸。

### 6.1.2 采样及样品处理

为观察杂交种胚及胚乳发育过程，从异交授粉后第 5 天起，第 1 个月每隔 3~5 d 采一次样，第 2 个月每隔 5~7 d 采一次样，之后每隔 7~10 d 采样一次，直到种子成熟。每次所采样品测量种荚长、宽，并按种荚长短将样品分级，制样时每个等级各选择 2~3 个样本。楸树果实为蒴果，由子房壁发育而来的种皮随着不断发育和分化变得质地坚硬，故从授粉后第 10 天起，即采取半完全或完全剥离种皮，仅留种子和胎座的方式处理样品。所有样品采集后立即用 70%酒精配制的 FAA 固定，并置于 4 ℃冰箱保存备用。分别利用常规石蜡切片法（李正理，1987）和爱氏苏木精整体染色透明法（杨弘远、周嫦，2001）制成切片或整体装片，Leica DM-5000B 显微镜明视场或相差模式下观察、拍照。对各发育时期的种子进行组织形态学分析。

随机抽取 LS×和 D×杂交蒴果各 50 条，先统计每条种实内大型种子和小型种子的数量，同时对每条果实中的大型种子按子叶胚的发育程度进行级别划分，分为无胚、1/4 胚、1/2 胚、全胚，统计各级别种子数量，计算大型种子的饱满率（全胚率）：饱满率=全胚种子数量/大型种子总数量。以 50 个样本的均值作为最终结果。再分别将两杂交种 50 条蒴果随机均分成 2 份，一份用于种子活力测定，一份用于种子发芽率的测定。种子活力测定用 TTC 法（四唑法）。发芽率测定前先用 0.1%的高锰酸钾分别对种子和器皿消毒，再常温浸种 24 h，培养温度 25 ℃。种子活力和发芽率分别以 25 个样本的均值作为最终结果。

## 6.2 结果与分析

两杂交种 LS×和 D×，授粉后 10 d 内 LS×的发育速度略快于 D×。在此之后由于采样时间间隔拉长，且所采样品本身差异加大，故不能很好地分辨两者是否存在发育速度上的差异。而且由于样本数量不大，并非每个杂交种的每个发育时期景象都能捕捉到，所以，在此我们合并两杂交种的观察结果，尽可能全面地描述楸树杂交种实胚及胚乳发育过程的形态学特征。

### 6.2.1 胚乳的发育

**1. 胚乳吸器的发育**

双受精后不久，初生胚乳核便很快进入第一次有丝分裂阶段，本次分裂为垂直于胚囊纵轴的横分裂，形成一大一小两个细胞，核物质丰富，核仁明显，分裂形成的横向细胞壁将胚囊分成了合点室和珠孔室，珠孔室较大，合点室相对较小（图版Ⅵ-1-1）。紧接着珠孔端细胞进行一次横分裂，形成一个位于胚囊中部的中央细胞和一个位于珠孔端的细胞，将来分别发育为胚乳本体和珠孔吸器；合点室细胞进行 1~2 次纵裂形成辐射状的合点吸器（图版Ⅵ-1-2）。珠孔室细胞横分裂形成的两个细胞再各自进行一次纵裂，中央细胞分裂为两个等大的体积相对较小的细胞，而位于珠孔端的细胞经纵裂形成两个较大的、单核的、向珠孔端做喇叭状开口的细胞，称为珠孔吸器（图版Ⅵ-1-3）。吸器细胞都具有一个大的细胞核，核仁明显且常为多个，细胞核始终位于营养来源的一端，合点吸器细胞的核开始时位于珠孔端，随着珠孔吸器细胞的退化、消失，它的核逐渐移向合点端。液泡位置的变化正相反。在退化过程中，细胞质越来越稀薄，液泡越来越大，随后解体消失。这样的形态变化是由吸取养料的功能所致（Arekal，1963）。珠孔吸器细胞不久即先行退化（图版Ⅵ-1-4），随后合点吸器细胞也退化消失，转而吸收合点周围的珠被组织，致使近胚囊的合点端珠被细胞局部解体（图版Ⅵ-1-5）。解体的珠被细胞随后又逐渐形成一个类似于细胞的原生质团，起到营养和运输功能，相当于吸器的作用，故称为次生合点吸器（图版Ⅵ-1-12）。次生合点吸器起初通过自身原生质的解体供给胚乳的发育（图版Ⅵ-1-13），之后随着胚乳原始细胞的不断分裂、增殖而逐渐退化、消失（图版Ⅵ-1-14、图版Ⅵ-1-15）。

**2. 胚乳本体的发育**

胚乳是被子植物双受精的产物，它含有三倍数目的染色体。这种组织既不是配子体，也不是孢子体，而是新老孢子体之间的间生结构。楸树的胚乳发育类型为细胞型。授粉后 8~10 d 的样品中看到了早期初生胚乳核分裂分化的珠孔吸器与合点吸器细胞均退化，合子通过细胞质带将自已从胚囊的珠孔端向合点端推进（图版Ⅵ-1-6、图版Ⅵ-1-7）。由珠孔室细胞分裂形成的中央细胞发育为胚乳原始细胞，随后经不断分裂分化形成胚乳本体。胚乳原始细胞最初分裂形成的几个细胞，细胞壁并不明显或不完全，更像游离核状态（图版Ⅵ-1-8、图版Ⅵ-1-9）。它们通常呈宽带状向胚囊中部扩展，此时的胚囊变为狭长的上宽下窄的腔体，休眠的合子也随之从胚囊合点端移动到胚囊中部，将自己浸埋在丰富的胚乳本体细胞中，不久便开始合子的分裂（图版Ⅵ-1-10、图版Ⅵ-1-11）。此时，合点端的次生合点吸器逐渐形成（图版Ⅵ-1-12）。近合点端的紧靠胚囊的珠被细胞形成珠被绒毡层，形态特征是细胞作径向伸长至原长度一倍以上，原生质浓密（图版Ⅵ-1-12）。合子休眠 20 d 左右才开始分裂，当合子分裂形成小球状幼胚时，胚乳细胞进入旺盛增殖期，细胞数量不断增加，逐渐充满整个胚囊，幼胚则浸埋于胚乳细胞群之中（图版Ⅵ-2-3）。在球形胚时期，合点端的胚乳吸器结构逐渐退化，位于珠孔端的胚乳本体细胞结构上出现了特化，具体表现为细胞壁纵向延长，细胞质变的稀薄，细胞核大而明显，形成类似于吸器的结构，称之为次生珠孔吸器（图版Ⅵ-1-14）。胚乳细胞在球形胚后期，向心形胚转化的过程中，珠孔吸器与合点吸器均出现不同程度的退化：珠孔端的胚乳吸器细胞不像早期那样排列有序，而是呈现细胞壁与细胞核降解，细胞质液泡化；合点端原生质团状的吸器细胞已基本降解，仅剩残迹（图版Ⅵ-1-14）。此时，位于胚囊中部的胚乳本体细胞液泡化程度也逐渐加深，开始降解（图版Ⅵ-1-15）。至心形胚时，次生合点吸器完全消失，胚乳细胞大量液泡化，并从胚周围开始退化、消失（图版Ⅵ-2-7）。到成熟胚时期，胚乳组织基本完全解体、消失，或只看到残迹（图版Ⅵ-2-10、图版Ⅵ-2-11）。

### 6.2.2 胚的发育和分化

楸树杂交种的合子在分裂前经过 20 d 左右的休眠期，此间合子通过退化胚乳吸器形成的原生质束，从胚囊珠孔端移向合点端（图版Ⅵ-1-5、图版Ⅵ-1-7、图版Ⅵ-1-8、图版Ⅵ-1-9），之后又随胚乳原始细胞的分裂分化移至胚囊中部，将自己浸埋在胚乳中（图版Ⅵ-1-10，图版Ⅵ-2-1）。此时的胚乳原始细胞已分化出相对丰富的胚乳本体细胞，为合子的分裂做好了充分的营养储备。原胚阶段是从轴对称时期到双子叶植物出现子叶突起为止。在原胚时期，外部形态分化初期可以区别出两部分：①细长的胚柄，朝向珠孔端，随着原胚体的分化会逐渐消失；②近球形的原胚体，具有进一步发育、分化的潜能。楸树合子开始分裂前先纵向延长，第一次分裂为横分裂，形成珠孔端的基细胞与合点端的顶细胞（图版Ⅵ-1-10，图版Ⅵ-2-1）。随后，顶细胞进行一次纵分裂，形成三细胞原胚（图版Ⅵ-2-2）。之后顶细胞不断分裂，到受精后 34~40 d 时，观察到了小球形原胚（图版Ⅵ-2-3）。球形胚不断发育、分裂以扩大体积，此时基细胞也经过 1~3 次横分裂形成 3~5 细胞的胚柄（图版Ⅵ-2-4、图版Ⅵ-2-5）。球形胚时期，也是胚柄发育最旺盛的时期，胚柄朝向珠孔端，极力从珠孔端珠被组织汲取营养供给原胚的发育。此时的原胚已出现组织的分化，最外一层细胞分化成原表皮，内部的细胞衍生为原形成层与基本分生组织。随着球形胚的不断分裂与分化，其球体两侧的细胞分裂速度加快，产生两个侧生的突起，进入心形胚分化期（图版Ⅵ-2-6、图版Ⅵ-2-7）。此时胚的基本分生组织和原形成层开始形成，两个侧生突起将来发育成为两片侧生的子叶，中间部分发育成胚轴-根。随着胚体的不断分化和生长，逐步由心形胚阶段进入鱼雷胚（图版Ⅵ-2-8）、子叶胚（图版Ⅵ-2-9）时期，此时的胚体形成层已分化出胚轴-根和子叶。子叶胚发育后期，胚轴-根的轴中原形成层系统清晰可见，胚根、胚轴、胚芽分化完全（图版Ⅵ-2-10）。两片子叶二深裂，子叶上的原形成层系统清晰可见（图版Ⅵ-2-11、图版Ⅵ-2-12）。

胚柄是一个短命的结构，通常是轴对称，是原胚主体的延伸部分。发育的早期阶段，胚柄承担了为胚吸取营养的作用。胚发育初期，胚柄将胚推向胚乳内部使其从胚乳中获得发育所需的营养。楸树杂交种胚的胚柄在球形胚时期达发育旺盛期（图版Ⅵ-2-4），至心形胚时期细胞逐渐退化、消失（图版Ⅵ-2-6、图版Ⅵ-2-7）。

### 6.2.3　胚与胚乳发育的对应关系

楸树胚乳的发育早于合子的分裂，在合子休眠期，初生胚乳核先后经过 5~6 次的分裂，形成珠孔吸器、合点吸器和中央胚乳原始细胞。此时子房也逐渐膨大、伸长形成蒴果。合子开始分裂后，蒴果长度增长迅速，胚乳吸器逐渐消失，中央胚乳原始细胞发育成胚乳本体。之后，胚先后经历了球形胚—心形胚—鱼雷胚—子叶胚的分化期，而胚乳也先后经历了由盛转衰的发育过程。两者发育时期与相应蒴果长度的对应关系见表 6-1。

表 6-1　果实长度与胚和胚乳发育的对应关系

Table 6-1　The relationship between fruit size and embryo development

| 蒴果长度（cm） | 胚的发育 | 胚乳发育 |
| --- | --- | --- |
| 3.5~10 | 合子休眠 | 胚乳吸器分化形成 |

续表

| 蒴果长度（cm） | 胚的发育 | 胚乳发育 |
|---|---|---|
| 10~18 | 合子分裂 | 吸器退化，中央细胞发育成胚乳本体 |
| 18~25 | 二细胞-多细胞 | 胚乳原始细胞分裂增殖，次生合点吸器形成 |
| 25~35 | 多细胞-小球胚 | 胚乳原始细胞分裂旺盛期 |
| 35~38 | 球形胚 | 次生珠孔吸器形成，次生合点吸器开始退化 |
| 38~40 | 球形胚-早期心形胚 | 吸器均退化，胚乳本体细胞开始液泡化 |
| 40~42 | 心形胚 | 胚周围的胚乳本体细胞开始退化 |
| 42~48 | 鱼雷胚-子叶胚 | 胚乳本体细胞逐步退化、解体、消失 |

### 6.2.4 胚与胚乳发育过程中的败育现象

在楸树胚与胚乳发育的整个过程中，我们看到不同程度的败育现象，且主要发生在合子分裂前：①双受精后 3~8 d，初生胚乳吸器分裂阶段，部分胚囊不断膨大生长，而一些胚珠的胚囊严重萎缩，停止生长（图版Ⅵ-2-13）。②在初生胚乳吸器退化、胚乳原始细胞开始分裂形成胚乳本体的阶段，发现有的胚囊中出现胞质粘连，合子与胚乳原始细胞一同退化、解体的现象（图版Ⅵ-2-14）。③有的胚囊中虽然胚乳原始细胞能够分裂形成胚乳本体，但胚乳本体发育异常，导致合子不能分裂，在合点端发生核降解（图版Ⅵ-2-15）。

### 6.2.5 两杂交组合种子形态与数量的比较

无论是 LS×还是 D×，蒴果内所有种子形态大体可分为两种类型，即正常尺寸的大型种子和完全败育的小型种子（图版Ⅵ-3-1）。这些小型种子肉眼看不到明显种胚，但却具有和大型种子一样形态的种膜、种翅和种毛，而且所有小型种子的尺寸大小几乎一致，由此可见，它们的败育应该发生在同一时期。清水浸种后发现，所有大型种子虽外观形态差异不大，但种胚的饱满程度却不同，有的只发育到正常子叶胚体积的 1/2 或 1/4 左右，有的甚至如同小型种子一样几乎看不到明显种胚（图版Ⅵ-3-2）。可见，大型种子的败育是发生在种子生长发育的各个不同阶段。表 6-2 示各种形态种子所占比例。从中可以看出：①两杂交种实的小型种子所占比例远大于大型种子；②种实内大型种子所占比例，种内杂交“LS×”略大于种间杂交“D×”；③种实内大型种子的饱满率（全胚率），种内杂交“LS×”优于种间杂交“D×”；④从种实内大、小型种子的数量变化范围和饱满种子的数量变化范围来看，种内杂交“LS×”种实个体间差异大于种间杂交“D×”。

表 6-2　LS×和 D×种实内不同形态平均种子数量（比例）

Table 6-2　The average number (percentage) of seeds with different sizes in the fruit from LS× and D×

| 杂交种类别 | 种子形态 | | | | |
|---|---|---|---|---|---|
| | 小型种子 | 大型种子 | | | |
| | | 全胚 | 1/2 胚 | 1/4 胚 | 无胚 |
| LS× | 100.7（79.2%） | 14.7（55.7%） | 4.6（17.4%） | 4.4（16.7%） | 2.7（10.2%） |
| 范围 | 79~122 | 7~23 | 1~8 | 2~7 | 1~7 |
| D× | 109.9（81.9%） | 7.5（30.9%） | 7.0（28.8%） | 6.7（27.6%） | 3.1（12.8%） |
| 范围 | 93~123 | 3~14 | 1~10 | 3~9 | 1~7 |

## 6.2.6　两杂交组合种子活力与发芽率的比较

TTC 法（四唑法）是国际普遍采用的测定种子活力的方法，根据种胚在检测液中的染色部位和程度，判断种子发芽的潜力。本试验根据种胚染色的部位，可将楸树两杂交组合种胚分为完全染色、不完全染色、完全不染色三种情况；根据种胚染色深浅，可将其分为深红、粉红、白三种情况。综合来看，可将楸树两杂交组合种胚染色后的情况分为以下几种：深红且完全染色、深红不完全染色、粉红完全染色、粉红不完全染色、完全不染色（图版Ⅵ-3-3）。其中，不完全染色的部位有的是子叶，有的是胚轴-根。我们将深红且完全染色的种子，视为最具萌发潜能的种子，以此作为种子活力的最终结果。

表 6-3　LS×和 D×平均种子活力及发芽率（%）

Table 6-3　The average seed vigour index and germination rate of LS× and D× (%)

| 杂交种类别 | 种子活力 | | | | | 发芽率 |
|---|---|---|---|---|---|---|
| | 深红全染 | 深红半染 | 粉红全染 | 粉红半染 | 不染色 | |
| LS× | 48.9 | 2.4 | 10.8 | 4.2 | 33.7 | 29.1 |
| 范围 | 16.1~80.4 | 0~8.3 | 0~22.6 | 0~12.5 | 14.1~88.5 | 9.2~53.4 |
| D× | 26.4 | 0.0 | 17.9 | 5.6 | 50.1 | 14.7 |
| 范围 | 11.7~58.3 | 0 | 0~28.9 | 0~19.2 | 28.2~73.1 | 4.2~52.2 |

种子发芽与众多因素相关，比如：种子自身的发育程度——种胚是否败育、是否饱满，种子是否存在生理后熟或休眠现象；环境因素——主要指温度、湿度、光照等条件是否适宜。与种子活力测定相比，发芽率能够更直观地反映杂交种子发芽的能力。在人工控制适宜的温、湿度条件下，楸树每条杂交种实内都有一部分种子能够发芽，但发芽率普遍偏低（图版Ⅵ-3-6）。表 6-3 所示为两杂交组合每条种实内种子活力和发芽率，其中种子活力列举了经 TTC 法测定后不同染色程度的种子数量和所占比例。从表 6-3 中可以看出：①无论是种子活力还是发芽率，种内杂交“LS×”的值明显优

于种间杂交“D×”；②从种子活力测定值的变化范围来看，种内杂交“LS×”的种实个体间差异大于种间杂交“D×”，关于此点，图版Ⅵ-3-4、图版Ⅵ-3-5亦可说明。

## 6.3 结论与讨论

### 6.3.1 胚和胚乳发育类型及特征

楸树合子的第一次分裂为横分裂，形成位于珠孔端的基细胞和位于合点端的顶细胞，顶细胞又发生纵裂，逐步发育成直立的胚体。此种分裂方式为十字花型（crucifer-type）。合子在受精后经历了20 d左右的休眠期，在此期间，合子沿退化的胚乳吸器形成的原生质束，从最初的珠孔端移向合点端，之后又随着胚乳原始细胞的分裂分化移向胚囊中部，将自己浸埋在胚乳中，这种现象与同属的滇楸［*C. fargesii* Bur. f. *duclouxii*（Dode）Gilmour］和梓树（*C. ovata*）的合子运动方式非常相似（樊汝汶，1980，1981），与列当科（Orobanchaceae）的野菰（*Aeginetia indica* Roxb.），以及狸藻科（Lentibulariaceae）的兰花狸藻（*Utricularia coerulea*）也有共同之处（Johansen，1950）。所有这些植物的共同点在于，合子在分裂前极力将自己推向胚乳或浸埋于胚乳细胞间，使合子的分裂更靠近“能量供应站”。楸树杂交种原胚和胚的发育过程并无特殊之处，为一般双子叶植物胚胎发生的过程，即先后经历球形胚—心形胚—鱼雷胚—子叶胚。

楸树胚乳的发育比较有特色，先后经历两次珠孔、合点胚乳吸器的形成与退化过程：初生胚乳核先后经过5~6次分裂，形成2个细胞朝向珠孔端呈喇叭状开口的珠孔吸器和2~4个细胞辐射状向合点端汇聚的合点吸器，以及位于胚囊中间部位的胚乳原始细胞。之后珠孔吸器与合点吸器先后退化，合子随退化胚乳吸器细胞形成的原生质束迁移到胚囊合点端，此时位于合点处的珠被组织不断被破坏而不能供给胚囊发育所需营养，同时在破坏的胚囊合点端逐步形成了形如原生质团的次生合点吸器。此时，胚乳原始细胞也在不断分裂，在狭长的囊腔内呈宽带状延伸将合子推至胚囊中间，使其浸埋在胚乳本体细胞中。当合子开始分裂形成早期球形胚时，位于胚囊珠孔端，由胚乳原始细胞分裂形成的胚乳本体细胞细胞壁纵向延长、核增大，形成次生珠孔吸器。随着原胚的不断生长，合点吸器先行退化，随后珠孔吸器和胚乳本体也相继退化，胚乳逐渐被发育中的胚胎吸收而消失不见。胚乳吸器是胚乳在发育过程中可能从合点、珠孔端或从侧面扩张形成的结构，具有从珠心、珠被和合点组织吸收营养物质运输到胚乳本体的功能（胡适宜，2005）。胚乳吸器的数量、形态、位置以及存在时间因种而异，在多种植物中都有报道（Chopra，et al.，1958；Govindapp，et al.，1970；Arekal，1976；Krishne，et al.，1983）。

楸树胚乳吸器的发生及发育过程与爵床科（Acanthaceae）、狸藻科（Lentibulariaceae）、玄参科（Scrophulariaceae）均有相似之处，反映出了系统学上的相近性。另外，虽然紫葳科植物常见的胚乳发育类型为细胞型，但在楸树杂交种胚乳原始细胞分裂形成胚乳本体时，经常观察到大量胚乳细胞并不具备完整的细胞壁，而是更接近于游离核状态，这是核型胚乳的典型特征。但这种介于核型与细胞型胚乳之间的分裂类型，也不是通常意义上所说的沼生目型胚乳的特征。楸树多变而丰富的胚乳细胞形态及分裂、分化过程，与其功能的实现密不可分，这将是一个有趣的话题，值得深入探讨。

### 6.3.2　胚和胚乳发育的相互关系

胚和胚乳同为双受精的产物，二者有极敏感的“给养”关系和“发育平衡”关系（申书兴，1989；陈机，1996）：胚是新萌发的幼孢子体，它的正常生长和分化依赖于紧靠着它的周围组织即胚乳，正在发育的胚胎消化胚乳的过程是一系列复杂消化现象中的一部分，通过胚乳的消化可将老孢子体中的营养物质转移给新的孢子体。另外，胚乳中有多种植物激素产生，对胚的分化亦有着重要影响；发育中的胚乳还起着维持和调节胚的渗透压的作用（孟金陵等，1995）。胚乳的提前解体，常导致幼胚发育中途停止或解体。本研究观察发现，楸树合子分裂发生在胚乳原始细胞分裂形成胚乳本体之后，胚只有在胚乳发育到一定程度时才生长，如果缺乏胚乳，则胚的生长就推迟或完全受阻。胚的发育需要充足的营养物质，而胚乳细胞先后特化形成的胚乳吸器，在形态结构上无不说明胚乳从母体组织中吸收营养以保障合子分裂所需。胚在生长期间，耗尽了围绕着它的胚乳细胞，成熟的种子无胚乳。而我们观察到的一些胚囊败育现象，主要发生在合子分裂前，多数是因为胚乳吸器或胚乳本体细胞的发育异常。由此足以说明胚胎发生过程对胚乳的依赖。

### 6.3.3　杂交种实结籽率低下的原因

在第 4 章 P/O 测定时，我们统计楸树成熟子房内有 136.4±8.7（$n=10$）个胚珠，本章通过对两杂交种实内种子数量和形态的观察发现，杂交种实内大型、小型种子的总和（“LS×”，127.1±11.9，$n=50$；“D×”，134.2±9.7，$n=50$）接近于受精前子房内的胚珠总数。而通常人们所指的楸树种子是不包括小型种子在内的大型种子，故结籽率可理解为胚珠-大型种子转化率。通过以上数据，可近似地认为楸树两杂交组合，连楸（♀）×老山楸（♂）（种内杂交）和连楸（♀）×滇楸（♂）（种间杂交）的胚珠-种子转化率分别为：“LS×”，20.8%；“D×”，18.1%。那么从胚胎学角度来看，杂交种实结籽率低下的问题，其实就是胚珠-种子转化率低下的问题，换言之就是败育小种子为何形成、如何形成的问题。

杂交种实内的所有小种子形态大小基本一致，可见它们的败育几乎统一发生在胚胎发育的同一时期。通过对授粉后杂交种实的组织切片观察，发现大部分种胚的败育发生在合子分裂前，且与胚乳的发育异常密不可分。值得注意的是，这些具有败育胚囊的胚珠与同时期正常胚珠一样，已具有种翅、种毛的分化，而且从种子形态大小来看与败育小种子的大小基本一致。所以，种实内的小种子很可能是因为合子分裂前的障碍引起的集体败育。

这种发生在合子分裂前的胚胎的集体败育很像是一种识别与拒绝机制，与合子后晚期自交不亲和（post-zygotic LSI）的表型非常相似，但也可以解释为有害隐性基因纯合引起的近交衰退的早期表现（EID）。通常把受精合子发育成成熟种子过程中发生的败育，称作早期作用的近交衰退（EID）（Husband and Schemske，1995）。在种子发育过程中有大量基因的表达，而早期近交衰退主要是由隐性有害基因的纯合导致（Charlesworth, et al.，1987、1999；Husband and Schemske，1996），所以，早期近交衰退的作用可能会表现得十分强烈（Stevens and Bougourd，1988；Husband and Schemske，1995；Kennington and James，1997）。以至于在表型上接近 SI 机制所表现出的拒绝程度，导致很难通过表型区分这两种作用机制。本研究中楸树种内和种间杂交能够大量结实，与自交相比被认为是亲和的，所以排除不亲和机制的作用，而认为是 EID 的强烈作用，引起合子分裂前众多种子的集体败育，造成种内、种间杂交种实胚珠-种子转化率低下。

### 6.3.4 杂交种子饱满率、发芽率低下的原因

从胚胎学角度来看，探讨杂交种子的饱满率低下的原因，即是寻找杂交种实内大型种子种胚败育的原因。从大型种胚的形态来看，个体间差异很大（有全胚、1/2 胚、1/4 胚、无胚之分），可见其胚的败育是发生在胚胎发育过程中的不同时期。与众多败育的小型种子相比，这些大种子的体形更大，所以很可能它们的败育发生的时间比小型种子晚，可能是从合子分裂后才逐渐开始败育的。合子分裂是在胚乳本体发育到一定程度才开始的，随着众多胚乳细胞的分裂，胚囊、胚珠的体积都会相应增大，这也许能很好地解释大型种子的败育是发生在合子分裂后的胚胎发育的不同时期。从大型种子败育的发生时间和表型上看，符合 EID 的作用机制，只是与发生在合子分裂前的小型种子败育相比，此时的 EID 作用强度相对较弱。

种子发芽率低下与众多因素相关，归结起来可分为两大类：种子自身因素和环境因素（余象煜等，1989；于卓等，1993；胡尔良，2001；周元等，2003；郑华萍等，2009）。在此，我们仅讨论种子自身因素对发芽率的影响。可对发芽率造成影响的种子自身因素有：种胚成熟度（是否有生理后熟现象）、种子休眠与否、种胚发育程度（饱满与否）等。楸树刚采收的种子在适宜环境中能够立刻发芽（本课题组实验数据表明），所以认为其没有生理后熟现象；而楸树种子较小，也没有明显的休眠现象（潘庆凯，1991；王苏珂等，2008）。所以，最有可能影响杂交种发芽率的因素是种胚的发育程度，即杂交种子的饱满率。本研究中，两杂交种实的饱满率分别为："LS×"，55.7%；"D×"，30.9%。这与两者的种子活力指数非常接近："LS×"，48.9%；"D×"，26.4%。可见，种子的萌发能力与饱满率密切相关，饱满的种子几乎都具有较强的萌发潜能。然而，两杂交组合的种子饱满率和活力并不高，从根本上决定了种子的发芽率也不会太高。经种子发芽试验，得出"LS×"和"D×"的发芽率分别是 29.1% 和 14.7%，可见并非所有具有发芽潜能的种子都能够成功发芽，即种子发芽受到其他来自外界和种子自身方面多重因素的制约。杂交种饱满率低下虽是其发芽率低下的一方面重要因素，但却是发芽率低下的充分而非必要条件。

### 6.3.5 种内、种间杂交可配性比较

本研究第 5 章中数据表明：种内杂交组合连楸（♀）×老山楸（♂）花粉管的生长速率快于种间杂交组合连楸（♀）×滇楸（♂）；种内杂交组合的坐果率也高于种间

杂交组合；说明种内杂交的亲和性优于种间杂交。种实性状差异是度量杂交可配性的一个重要指标，亲本的亲和力往往是导致种实性状出现差异的重要因素（李周岐、王章荣，2001）。在本章中，比较两杂交组合种子性状，得知无论是种子的饱满率、活力和发芽率的值，种内杂交组合总优于种间杂交组合。多方数据表明，楸树种内杂交组合连楸（♀）×老山楸（♂）的杂交可配性优于种间杂交组合连楸（♀）×滇楸（♂）。这与郝明灼等（2008）、王苏珂等（2008）对楸树杂交组合及杂种性状的研究结果相一致，也符合植物系统进化规律——种、属间杂交存在的不亲和性有利于保持物种的稳定性（胡适宜、杨弘远，2002）。

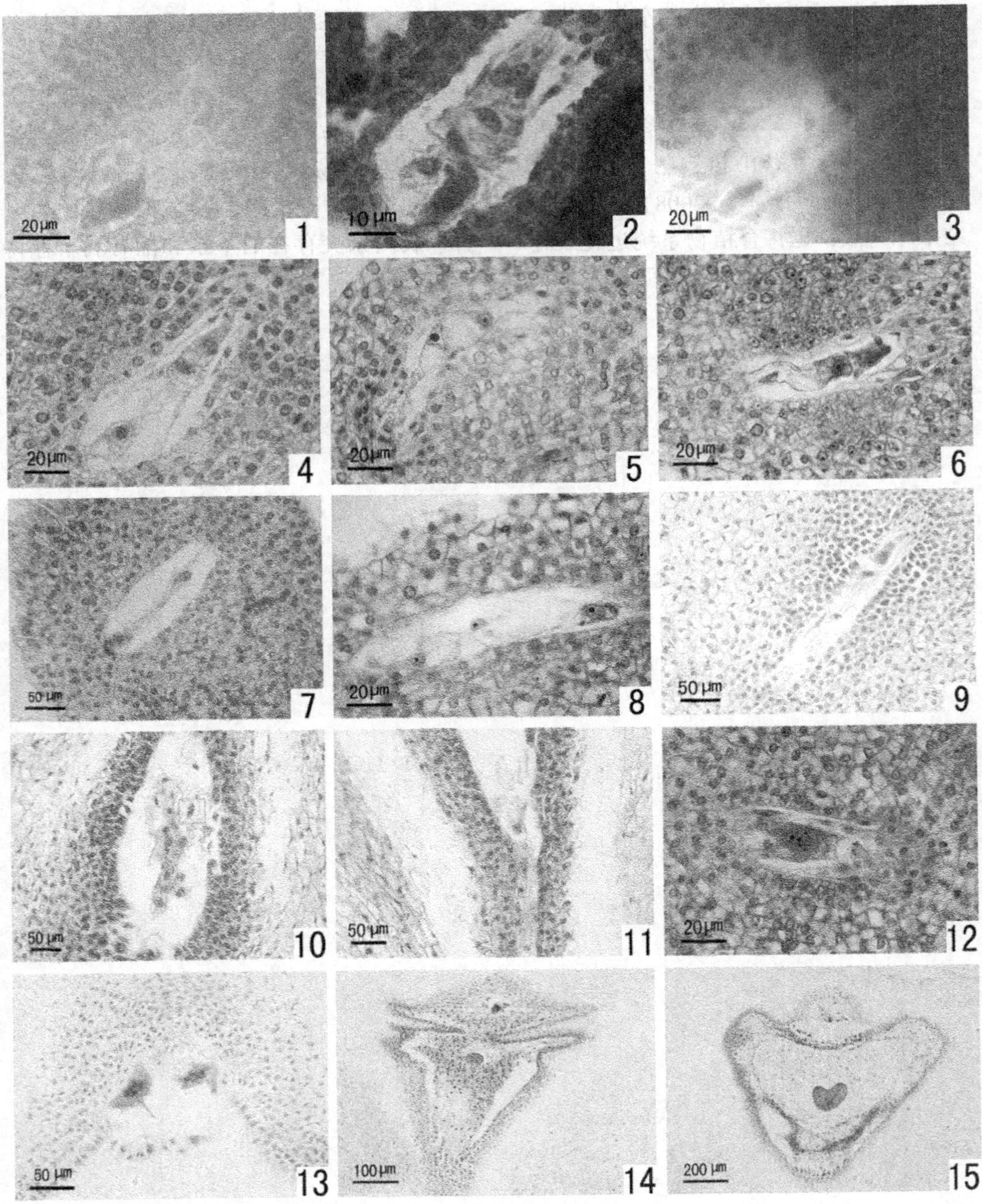


图版Ⅵ-1

1. 初生胚乳核横分裂，形成珠孔室与合点室；2. 珠孔室细胞横裂，合点室细胞纵裂形成合点吸器；3. 珠孔吸器、中央胚乳原始细胞与合点吸器；4. 珠孔吸器退化；5. 合点吸器退化，合点端珠被组织被破坏吸收；6. 合点吸器尚未退化完全，合子向合点端迁移；7. 合子沿退化胚乳吸器形成的原生质束移至合点端；8、9. 胚乳原始细胞分裂；10. 合子浸埋在胚乳中，第一次分裂；11. 与10同为一胚囊的上、下部分，示胚囊上宽下窄结构；12. 次生合点吸器；13. 次生合点吸器自我解体；14. 球形

胚时期，次生珠孔吸器形成，次生合点吸器开始退化；15. 心形胚时期，次生珠孔、合点吸器均退化，胚乳本体细胞开始解体

1. Primary endosperm nucleus transverse division, shows micropylar chamber and chalazal chamber ; 2. Micropylar cell transverse division, chalazal cell longitudinal division to form a 2 or 4-nucleate haustoriurn; 3. Micropylar haustoriurn, middle layer endosperm initial cell, and chalazal haustoriurn; 4. Micropylar haustoriurn degradation; 5. Chalazal haustoriurn degradation, integumentum destruction and absorption; 6. Chalazal haustoriurn incomplete degeneration, zygote transport from micropylar chamber to chalazal chamber; 7. Zygote transport along protoplasmic strand formed by degenerated chalazal haustoriurn; 8、9. Endosperm initial cell division; 10. Zygote diped in the endosperm, first time division; 11. The same embryo sac as 10, shows wide upper part and narrow lower part of the embryo sac; 12. Secondary chalazal haustoriurn; 13. Secondary chalazal haustoriurn disintegrated; 14. Secondary micropylar haustoriurn formed, and secondary chalazal haustoriurn disintegrating during globular proembryo stage; 15. Secondary micropylar haustoriurn, secondary chalazal haustoriurn, and endosperm proper disintegrated during heart-shaped embryo stage

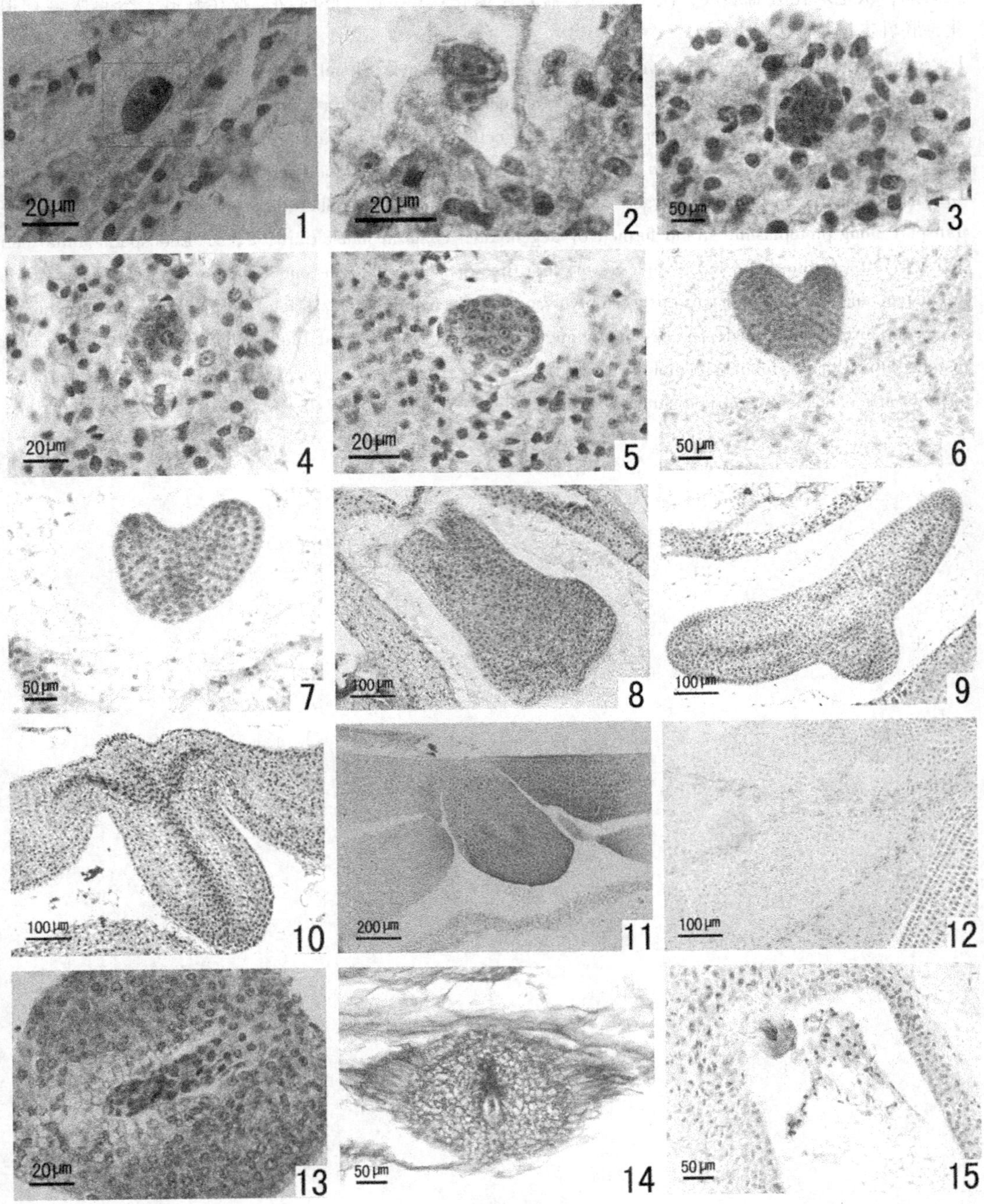


图版Ⅵ-2

1. 合子第一次分裂；2. 三细胞原胚；3. 小球胚；4. 球形胚早期，胚柄发育盛期；5. 球形胚，胚乳发育旺盛；6. 心形胚初期，胚柄开始退化；7. 心形胚时期，胚柄消失，胚乳从胚周围开始退化；8. 鱼雷胚后期，胚乳即将消失；9. 子叶胚，胚乳仅剩残迹；10. 胚轴-根原形成层系统；11. 子叶二深裂；12. 子叶原形成层系统；13. 授粉后 3~8 d，胚囊萎缩，胚珠败育；14. 授粉后 16~20 d，胚囊

败育；15. 授粉后 20~25 d，胚乳发育异常，合子不能分裂

1. First time division of the zygote; 2. Three-cells proembryo; 3. Little globular embryo; 4. Early stage of globular embryo, and vigorous stage of suspensor ; 5. Globular embryo, and vigorous stage of endosperm; 6. Early stage of heart-shape embryo, and decline phase of suspensor; 7. Heart-shape embryo, suspensor disappeared, and endosperm begin to degradating; 8. Late stage of torpedo-stage embryo, endosperm almost disappeared; 9. Bent-cotyledon, endosperm vestigium; 10. Protocambium system of plumular-root axis; 11. Bifid deep fissure cotyledon; 12. Protocambium system of cotyledon; 13. The atrophic embryo sac, and ovule abortion (3 ~ 8 days after pollination); 14. Embryo sac abortion (16 ~ 20 days after pollination); 15. Endosperm developed abnormally, and zygote can't division (20-25 days after pollination)

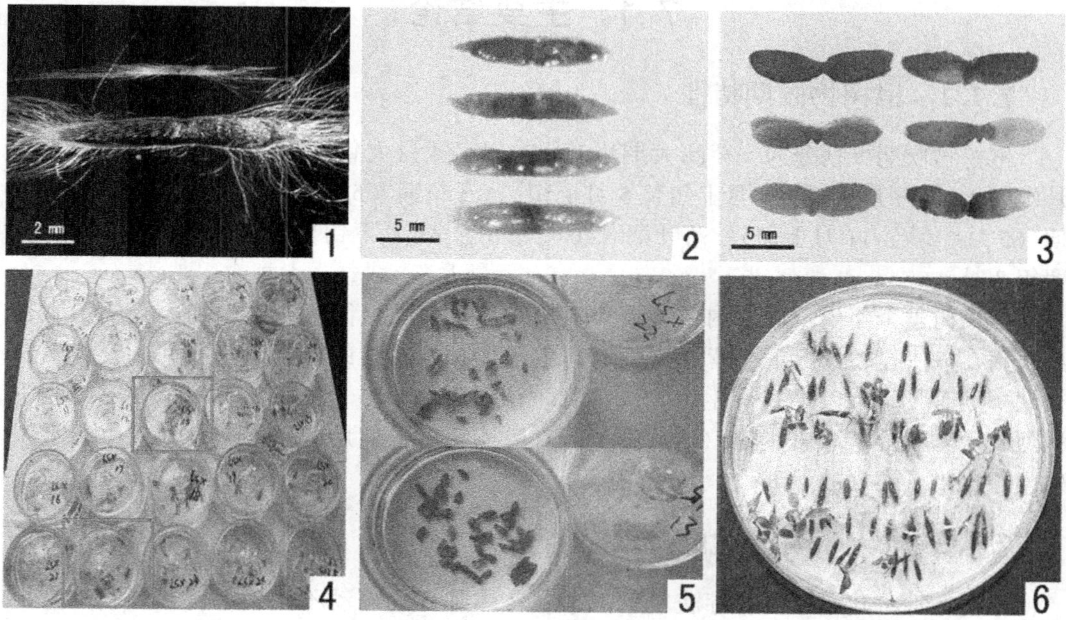


图版Ⅵ-3

1. 大、小型种子；2. 不同发育程度的种子（浸种后），从上到下依次为：全胚、1/2 胚、1/4 胚、无胚；3. 种子活力测定，不同染色程度的种胚，从上到下，从左至右依次为：深红全染、深红半染、粉红全染、粉红半染、未染色的两种情况（包括胚坏死）；4. 种子活力测定结果示意图（LS×）；5. 示 LS×种实个体间活力差异大；6. 示杂交种子发芽率低下

1. Bigger type and smaller type seed; 2. Different degree of seed development, from up to down: whole embryo, 1/2 embryo, 1/4 embryo, without embryo; 3. Results of seed vigor test, shows the different degree of embryos staining, from up to down, left to right: deep red and whole stain, deep red and half stain, pink and whole stain, pink and half stain, unstain (including necrotic embryos); 4. Results of seed vigor test of (LS×); 5. The individual differences of seed vigor in (LS×) capsules; 6. The lower germination rate of hybrids

# 第7章　研究展望

## 7.1　主要结论

### 7.1.1　楸树物候期特征

楸树物候期可划分为：芽膨大期（3月中旬至4月上旬）；展叶期（3月下旬至5月中旬）；花序形成期（4月上旬至5月上旬）；开花期（5月上旬至5月中旬）；果熟期（5月中旬至11月上旬）；落叶期（10月下旬至11月下旬）；休眠期（11月下旬至翌年3月）。

在楸树整个年生长周期内，若无人工授粉干扰，则树体营养生长期大于生殖生长期；而在人工授粉情况下，营养生长期同生殖生长期持续的时间几乎相同。营养生长初期（萌芽期、展叶期）和生殖生长初期（花芽分化期、开花期）对树体营养的竞争激烈，此时主要依靠树体的贮藏营养。进入树体年生长周期的后半期，营养生长为生殖生长提供了良好的保障。

### 7.1.2　楸树花芽分化的特点

楸树花芽分化始于混合芽花端的形成。在休眠芽刚萌动不久，混合芽顶端分生组织先分化出叶序轴，当3轮茎叶分化完全，叶序轴顶端分生组织开始由营养生长转化为生殖生长，分化出花序原基，由此进入花芽分化阶段。楸树花芽分化过程先后经历了：花序原基分化期—花序轴分化期—小花原基分化期—花器官分化期；其中花器官的分化顺序为：花萼原基—雄蕊原基—花冠原基—雌蕊原基。从混合芽顶端分化出花序原基开始到每朵小花分化形成花器官原基仅需10 d左右。花器官原基从最初分化到成熟需1个月左右的时间。

楸树花芽分化具有时间短、速度快的特点。单株的大部分花序分化时期同步，不同单株间花芽分化的起始时间略有不同，但相差不大。同海拔林分内单株间花芽分化的同步性较强。无论是个体还是群体开花类型都属于“大量花爆发式开放”类型。群体开花的整齐性增加了对传粉者的吸引力，提高了花粉的转运效率；但与此同时，由于传粉斑块面积过大而降低了异株授粉的概率，提升了自株花粉流。

### 7.1.3　楸树大小孢子和雌雄配子发育的特点

楸树花药2枚，“个”字形着药，4室；药壁4~5层，分别为表皮、1~2层药室内壁、中层、腺质异型绒毡层，药壁发育为双子叶型；小孢子母细胞减数分裂为同时型，四分体不分离，形成四合花粉；成熟复合花粉为二细胞型，无萌发孔，排列方式大多为正四面体形，偶有左右对称形与十字交叉形。子房上位，2枚心皮合生，中轴胎座，胚珠多数，倒生；单珠被，薄珠心，具珠被绒毡层；大孢子母细胞减数分裂形成的4个大孢子呈直线形排列，合点端大孢子发育为功能大孢子；胚囊发育为单胞蓼型，成熟胚囊具七细胞八核；受精前两极核相互靠近但不融合，3个反足细胞退化。

大、小孢子发育过程中都存在不同程度的败育。其中，小孢子败育先后发生在小孢子母细胞形成初期、减数分裂前期、四分体时期，但大多发生在四分体形成前。败育的原因主要是花药绒毡层发育异常，包括绒毡层细胞的提前退化、过度生长和异常核分裂。大孢子的败育只有少数发生在功能大孢子形成之前，主要由珠心或珠被组织退化，胚珠发育异常引起。大多数大孢子的败育发生在功能大孢子形成后，胚囊内逐步分化出七细胞八核结构的过程中，发生在此时的败育可能与胚珠间的营养竞争和母本的自动选择有关。虽然楸树大、小孢子发育过程中存在一定比例的败育，但大多数仍能够正常发育成熟。可见楸树"花而不实"的胚胎学原因并非雄性或雌性不育，而与后期的传粉受精有关。

### 7.1.4 楸树繁育系统的特征

**1. 花的形态与功能**

楸树开花类型为花叶同放型，花序分化完全进入花期时，叶序和叶片尚未完全伸展，聚伞房状总状花序位于当年生枝条顶端，不被叶片遮挡，通常由6~9朵花组成，分2~3层（每层3朵）整齐排列。体积庞大且位置显眼的花序能起到良好的吸引传粉者的作用。

花为管状花，喇叭形，左右对称，有香味，类似于*Pithecoctenium*型；花冠开口二唇形，上唇2裂、下唇3裂，裂片较大，左、右裂片和上、下裂片间展开距离均大于花冠筒高度，冠筒粉色具淡紫红色斑点，筒内侧具深紫红色条纹和斑点，下唇裂片与花冠筒接合处两侧有亮黄色斑块；雌、雄蕊位于花冠筒内，空间上异位，形成生殖隔离，异位类型为"柱头探出式雌雄异位"。从花朵形态来看，楸树为典型的虫媒花，具明显花部传粉综合征（pollination syndrome），雌、雄蕊的空间异位在一定程度上避免了自动自交（autonomous self-pollination），但由于传粉者行为的不同和触敏柱头的开合运动，不一定能起到促进异交或避免雌、雄干扰的作用。柱头在授粉后的永久性闭合，一方面减少了柱头获得更多异花花粉的机会，另一方面自花粉造成了胚珠折损（ovule discounting），降低了雌性适合度。柱头在花后期的向外、向下翻卷是一种延迟自交的倾向，是在长期遭受花粉受限的环境下，花朵的一种自交进化的表现。

**2. 个体与种群开花进程的相互关系**

楸树单花花期5~7 d，花序花期为8~11 d，单株花期13~15 d，林分花期19~21 d。花序一般分3层，每层3朵小花；通常下2层花几乎同时先开放，顶层花朵晚2~3 d开放，整个花序花期重叠时间为3~5 d。单株上所有花序开花同步性较高，始花期时间短，盛花期持续时间较长，开花类型为"大量花爆发式开放型"。林分初花期受海拔高度影响，呈现时间上的阶梯状分布，但由于单株进入盛花期的速度较快，且盛花期持续时间较长，故林分内单株间盛花期依然存在 2~3 d 的重叠。由此可见，楸树无论个体还是群体，花期同步性皆较高。这能够有效促进种群内异交，对结实率和种实饱满率有利；但同时也容易造成同株异花传粉，带来现有种群遗传多样性的减少。对于楸树这种具有自交不亲和性，且拥有自、异交混合交配系统的植物而言，个体与种群内其他个体之间开花的同步性对于其生殖成功非常关键。

**3. 繁育系统的类型**

楸树 P/O 为 987.8，属于兼性异交类型。OCI 值为 4，属部分自交亲和、异交，需要考虑传粉者的类型。套袋检验结果表明：楸树自交不亲和，远源（同种）异交亲和，存在延迟自交倾向。自然状态下传粉行为观察表明，其具有自、异交混合的交配系统。综上所述，楸树繁育系统的特征是：自交不亲和，以异交为主的混合交配系统，并具有向自交进化的趋势。

### 7.1.5 楸树受精过程的特点

**1. 自交不亲和性**

楸树自交授粉后花粉管在雌蕊的不同部位——柱头、花柱、子房、胚珠均受到不同程度的阻碍，以柱头和子房内抑制表现最明显。由于花粉在柱头的萌发速度较慢而引发后续一系列受精事件的发生均慢于同时期的异交授粉组合。无论是花粉在柱头萌发还是花粉管在花柱中生长，自交耗费的时间均长于异交。从数量上看，柱头对自交和异交花粉的黏附能力相当，但自、异交花粉在柱头的萌发能力却不同：自交明显小于异交，且小于离体培养的萌发率，可见柱头环境对自交花粉管的萌发和生长不利。最终通过花柱基部进入子房的花粉管数量自交明显小于异交，但仍有 42% 的花粉管能够进入子房，最终在子房内或被抑制而不能进入胚珠，抑或进入胚珠穿透胚囊却不能完成双受精。由于花粉管最终被抑制的部位在子房，被拒绝的时间发生在合子形成前，故其自交不亲和类型为合子前晚期自交不亲和（pre-zygotic late-acting self-incompatibility）类型。

由于其不亲和花粉管的抑制发生在雌蕊组织的不同部位，以柱头和子房内的抑制作用表现得最为明显，故推测控制其自交不亲和的 S-位点可能不止 1 个，其自交不亲和性是由少数几个 S-位点控制的可能性比较大。关于其自交不亲和性是一种孢子体控制方式，还是配子体控制方式，或者是两种机制一起作用，目前不好妄加推测。因为即使出现相同的不亲和表型，也不一定是同样的控制方式，一些配子体控制方式的不亲和植物类型也能表现出类似于孢子体控制方式的表型，比如罂粟。

**2. 种内、种间杂交的亲和性**

两异交组合连楸（♀）×滇楸（♂）（种间杂交）和连楸（♀）×老山楸（♂）（种内杂交），人工授粉后均能够大量结实：老山楸为 71.5%，滇楸为 64.3%。两者无论在花粉萌发率、花粉管生长速度及坐果率等方面均无本质差别。只是滇楸花粉在楸树柱头上萌发花费的时间少于老山楸，而花粉管在花柱中生长却比老山楸耗费更多时间。比较两者的坐果率，异交组合连楸×老山楸略大于连楸×滇楸；比较两者与连楸的亲缘关系，滇楸远于老山楸。可见，亲和性与花粉管生长速度、坐果率呈正相关关系，而它们又受交配亲本亲缘关系远近的影响。种内杂交的亲和性优于种间杂交。

关于这点，第6章杂交种子的饱满率、活力和发芽率测定值也能很好地说明。三者无论哪项指标均显示种内杂交组合连楸（♀）×老山楸（♂）优于种间杂交组合连楸（♀）×滇楸（♂）。综合来看，楸树种内杂交的可配性强于种间杂交。

### 7.1.6 楸树杂种胚和胚乳发育的特点

楸树胚的发育类型为十字花型，合子在经历约20 d的休眠期后开始分裂，第一次分裂为横裂，形成朝向珠孔端的基细胞和朝向合点端的顶细胞，顶细胞形成胚体，基细胞形成胚柄。原胚先后经历了球形胚—心形胚—鱼雷胚—子叶胚的发育过程。胚柄在球形胚早期进入旺盛分化期，心形胚时期退化消失。

胚乳的发育类型为细胞型。最具特色的是其胚乳吸器的发育：由初生胚乳核先后经历2次横分裂和3~4次纵分裂，形成喇叭状朝向珠孔的2细胞珠孔吸器和汇聚于合点的辐射状2~4细胞合点吸器，以及位于二者之间的胚乳原始细胞。不久，珠孔吸器先行退化，合点吸器也很快消失，仅剩胚乳原始细胞，不断发育形成胚乳本体，并将休眠中的合子由珠孔端推进到胚囊中部。胚乳本体形成初期合点端又分化出形如原生质团的次生合点吸器，从合点端珠被组织中吸收和转运营养，不久随着原胚的发育再次退化消失。胚乳本体在球形胚时期发育旺盛，心形胚时期开始退化，子叶胚形成时完全退化消失。

初生胚乳核的分裂先于合子，合子分裂开始时胚乳原始细胞已分裂产生大量不具备完全壁结构的胚乳本体细胞；随着原胚的不断发育胚乳本体先后经历了发育盛期和退化期；至子叶胚发育成熟，胚乳完全消失殆尽。胚乳滋养着胚，为其生长发育提供保障。合子分裂前胚乳的异常发育常导致合子不能分裂、胚囊败育、胚珠生长停滞。

### 7.1.7 楸树杂交种实结籽率、种子饱满率及发芽率低下的原因

从胚胎发育的角度分析，楸树杂交种实结籽率低下的主要原因是：早期表现的近交衰退（early inbreeding depression）作用过于强烈，致使大量胚珠在合子分裂前败育，从而造成较低的胚珠-种子转化率。杂交种子饱满率低下也是近交衰退作用引起的，只是相对于合子分裂前的作用而言，发生在合子分裂后至胚胎成熟过程中的近交衰退作用相对和缓。杂交种发芽率低下的影响因素很多，从种胚自身发育角度分析，种子饱满率低下是影响发芽率的一个重要原因。由此可见，发生在整个胚胎发育过程中的近交衰退是引起杂交种子结籽率、饱满率和发芽率低下的根本原因。

### 7.1.8 楸树自然不能结实的原因

连云港后云台山地区楸树自然状态下不能结实的根本原因是：楸树本身具有自交不亲和性，同时又遭受着种群和环境带来的花粉受限（pollen limitation）。来自种群和环境的花粉限制不仅包括数量的限制，还包括质量（花粉来源）的限制，以后者为根本原因。

种群内个体花粉质量（来源）受限，不仅仅是种群内遗传异质性较低引起的，还包括由传粉者行为的不确定性和自身柱头运动等引起的双重限制。具体表现为：大量花爆发式开放的开花类型，决定了传粉行为更倾向于同株异花间传粉，花序中只有访花者初访的一两朵花有可能接触到异株花粉，这是造成花粉质量的一重限制。再者，自、异交混合的交配系统和敏感的二裂柱头，在传粉者触碰后不管有无花粉落至，是何来源的花粉落至，柱头裂片都会闭合，大大降低了柱头接受异株花粉的机会，这是对花粉质量的第二重限制。可见，即使在种群遗传多样性得到补充（配置不同基因型授粉树）的前提下，由楸树自身开花方式和敏感柱头特性引发的花粉质量（来源）受限依然可导致楸树自然结实率低下。但这种多年生乔木年生长周期中结实率低下，与整个生命周期中较多的繁殖机会和每条种实所产生的数量众多的种子，是相互平衡、相互协调的，被认为是一种合理的繁殖策略。

花粉数量的限制主要表现为：传粉者进入花冠筒与否，不仅决定了本朵花的花粉输出还影响下朵花的花粉输入量。在花粉输入量不足的情况下，柱头一般会再张开。统计结果显示，自然状态下柱头再张开的比例高达 36.7%，这是花粉数量受限的一重表现。再者，自然传粉状态下柱头花粉最大黏附量为 37 粒，而一个子房内的胚珠数量为 136.4±8.7，通常 1 粒四合花粉仅能萌发出 1～2 条花粉管，即使所有花粉都萌发也不能使子房内所有胚珠都受精，在如此低的花粉/胚珠值下，即使坐果，果实的胚珠-种子转化率也不会太高，这是花粉数量受限的第二重表现。

## 7.2 特色与创新

楸树“花而不实”的问题由来已久，为实现其增殖、扩繁，人们多选择规避有性生殖途径，转向无性繁殖技术的推广。这样做的结果是形成地域性树种基因型单一、病虫害现象严重、种质资源匮乏的局面，对生物多样性保护和可持续发展是极为不利的。本研究打破了长久以来国内对楸树的研究重“无性”轻“有性”的局面，首次针对楸树“花而不实”的问题展开理论性研究，通过对其有性生殖过程进行胚胎学研究，同时对其繁育系统特征进行调查研究，从生殖生物学和生态学角度深入解答楸树“花而不实”的问题。研究成果的主要创新点如下：

（1）本文首次对楸树生殖过程进行全面的组织形态学观察研究，从整体发育的角度，分析楸树有性生殖过程是否存在障碍，在哪个环节出现阻碍，阻碍的发生类型和细胞学机制是什么。第一次从理论上证实了前人对楸树“花而不实”原因的推测，即为楸树“自交不育”提供了胚胎学证据。

（2）从细胞学角度查明了楸树自交不育的原因并非雄性或雌性不育，而是由受精过程中的自交不亲和性所致。首次用确凿的组织形态学资料，证实了楸树是合子前晚期自交不亲和类型。这种不亲和类型，在紫葳科现已查明具有自交不亲和性的植物中尚属首例。

（3）国内外大多数关于自交不亲和机理的研究主要集中在十字花科、禾本科、茄科等草本植物上，也有少部分研究在蔷薇科的梨、杏等果树上进行。由于林木基因相对杂合，生长周期又长，且不像果树和农作物把果实的质量作为评判品种优良与否的重要指标，故对其自交不亲和性的研究报道很少。本文对楸树自交不亲和性的细胞学机制研究，为高等植物自交不亲和机制的研究提供了重要的细胞学资料。

（4）本研究将生殖生物学和生殖生态学的相关理论相结合，从个体、群体和环境三方面角度综合考虑楸树自然状态下不能结实的原因，首次提出了花粉受限对该地区楸树种群的影响程度比人们原本认为的要严重许多，从理论上对“配置授粉树”的可行性和后果进行了详细说明，为生产实践提供了理论依据。

（5）在开展楸树自交不亲和性研究的同时，以种内、种间杂交为参照和对比，不但分析了楸树自交与异交花粉管生长过程的区别，还对种内和种间杂交的亲和性进行了对比分析，从理论上证实了种内杂交（连楸×老山楸）的亲和性优于种间杂交（连楸×滇楸）。

## 7.3 展望

国内外关于紫葳科梓属植物的生殖生物学研究报道非常有限，可提供的参考不多。而且植物胚胎发育的过程是多种多样的，且整个生殖过程是一个连续的、立体的、动态的过程，要从阶段的、平面的、静止的组织切片中阐述整个过程的特征，要有足够丰富的样本量和丰富的胚胎学知识，才能将整个过程完整地阐释。由于受多重条件限制，本研究仍存在以下不足。

（1）杂交种胚及胚乳发育的过程由于样本量关系，未能详细比较种内和种间杂交种实发育过程的差异，也未能对发育过程中各时期败育现象发生的比例进行确切的统计和比较分析，仅从成熟种子的形态差异推测种子败育发生的时间和作用原理。一系列推测与假说均有待更深入的研究证实。

（2）关于楸树自交不亲和性的研究，尚处于初步形态学特征的描述阶段，由于受实验时间周期的限制，未能进一步开展如“蒙导授粉”和“延迟授粉”等克服自交不亲和性的尝试实验。研究中发现花晚期（第4天）柱头向下、向外翻卷开始表现出自交倾向，而此时柱头分泌物仍较多且质地稀薄具有可授性，非常适合开展延迟自交授粉试验。

（3）本研究尚处于对楸树胚胎发育过程的初步研究阶段，由于关注的焦点在于发现生殖过程中的阻碍，而对整个生殖发育各阶段的独特细胞学特征的研究不够深入。特别是梓属植物独具特色的胚乳吸器结构的发育过程，我们未能捕捉到全面的胚乳细胞分裂、分化、退化等过程的图像，梓属植物独具特色的胚乳吸器结构与其相应的功能，为阐释胚与胚乳发育的相互关系提供了良好的研究平台，值得进一步研究与探讨。

（4）受时间和实验目的等因素制约，本研究对楸树繁育系统的研究尚不够全面和深入，对玄参目植物独具特色的触敏性柱头的运动和相关的适应性机制未能做进一步的阐释和说明。楸树在整个开花、传粉过程中所表现出的多样化的柱头运动，是非常生动有趣的话题，很值得深入研究和探讨。

# 参 考 文 献

[1] Allen A M, Hiscock S J. Evolution and phylogeny of self-incompatibility systems in angiosperms, In: Franklin-Tong V E (eds). Self-Incompatibility in Flowering Plants—Evolution, Diversity, and Mechanisms [M]. Springer-Verlag Berlin Heidelberg, 2008: 73-101.

[2] Arekal G D. Contribution to the Embryology of *Chaenorrhinum Minus* (L.) Lance [J]. Proe Indian Acad Sci (Plant Sci), 1976, 72: 375-385.

[3] Arekal G D. Embryological studies in Canadian representatives of the *tribe Rhinantheae*, Scrophulariaceae [J]. Canad J Bot, 1963, 41: 267-302.

[4] Arekal G D. Embryology of *Veronica Serpyllifolia* L [J]. Proe Indian Acad Sci (Plant Sci), 1976, 24: 241-257.

[5] Ashman T L, Knight T M, Steets J A, et al. Pollen limitation of plant reproduction: ecological and evolutionary causes and consequences [J]. Ecology, 2004, 85: 2 408-2 421.

[6] Augspurger C K. Reproductive synchrony of a tropical shrub: Experimental studies on effects of pollinators and seed predators in Hybanthus prunifolius (Violaceae) [J]. Ecology, 1981, 62: 775-788.

[7] Barrett S C H, Harder L D. Ecology and evolution of plant mating [J]. Trends in Evolution and Ecology, 1996, 11: 73-79.

[8] Barrett S C H. Mating strategies in flowering plants: the out-crossing-selfing paradigm and beyond [J]. Phi-losophical Transactions of the Royal Society of London Series B-Biological Sciences, 2003, 358: 991-1004.

[9] Barrett S C H. Sexual interference of the floral kind [J]. Heredity, 2002a, 88: 154-159.

[10] Barrett S C H. The evolution of mating strategies in flowering plants [J]. Trends Plant Sci, 1998, 3: 335-341.

[11] Barrett S C H. The evolution of Plant sexual divesrity [J]. Nature Reviews Genetics, 2002b, 3: 274-284.

[12] Barrett S C H. The evolution, maintenance, and loss of self-incompatibility systems [M]. Plant reproductive ecology. Oxford: Oxford University Press, 1988.

[13] Bateman A J. Self-incompability systems in angiosperms [J]. Cruciferea Heredity,

1955, 9: 52-68.

[14] Bedinger P A, Hardeman K J, Loukides C A. Travelling in style: the cell biology of pollen [J]. Trends in Cell Biol, 1994, 4: 132-138.

[15] Bedinger P. The remarkable biology of pollen [J]. The Plant Cell, 1992, 4: 879-887.

[16] Bianchi M B, Harris S A, Gibbs P E, et al. A study of the mating system in Dolichandra cynanchoides (Bignoniaceae): an Argentinian Chaco woodlands liana with a late-acting self-incompatibility [J]. Plant Syst Evol, 2005, 251: 173-181.

[17] Bittencourt Jr N S, Gibbs P E, Semir J. Histological study of post-pollination events in *Spathodea campanulata* Beauv. (Bignoniaceae), a species with late-acting self-incompatibility [J]. Ann Bot, 2003, 91: 827-834.

[18] Bittencourt Jr N S, Pereira Jr E J, Semir J, et al. The reproductive biology of *Cybistax antisyphilitica* (Bignoniaceae), a characteristic tree of the South American savannah-like "Cerrado" vegetation [J]. Flora, 2011, 206: 872-886.

[19] Bittencourt Jr N S, Semir J. Late-acting self-incompatibility and other breeding systems in Tabebuia (Bignoniaceae) [J]. International Journal of Plant Sciences, 2005, 166: 493-506.

[20] Bittencourt Jr N S, Semir J. Pollination biology and breeding system of *Zoey-heria* Montana (Bignoniaceae) [J]. Plant Syst Evol, 2004, 247: 241-254.

[21] Bittencourt Jr N S, Moraes C I G. Self-fertility and polyembryony in South American yellow trumpet trees (*Handroanthus chrysotrichus* and *H. ochraceus*, Bignoniaceae): a histological study of postpollination events [J]. Plant Syst Evol, 2010, 288, 59-76.

[22] Bittencourt Jr N S, Semir J. Floral biology and late-acting self-incompatibility in *Jacaranda racemosa* (Bignoniaceae) [J]. Aust J Bot, 2006, 54: 315-324.

[23] Blanchard M G, Runkle E S. Benzyladenine promotes flowering in *Doritaenopsis* and *Phalaenopsis orchids* [J]. Plant Growth Regul, 2008, 27: 141-150.

[24] Bouman F. The ovule. In Embryology of Angiosperms [M]. Berlin: Springer-Verlag. 1984.

[25] Bradley N L, Leopold C L, Ross J. Phenological changes reflect climate change in Wisconsin [J]. Natl Sci, 1999, 96: 9701-9704.

[26] Bressac C, Joly D, Devaux J, et al. Comparative kinetics of short and long sperm in sperm dimorphic *Drosophila* species [J]. Cell motility and the cytoskeleton, 1991, 19: 269-274.

[27] Brewbaker J L. Biology of the angiosperm pollen grain [J]. Indian J Genet Plant Breed, 1959, 19: 121-133.

[28] Brookes R H, Jesson L K, Burd M. A test of simultaneous resource and pollen limitation in *Stylidium armeria* [J]. New Phytologist, 2008, 179: 557-565.

[29] Brown A H D. Genetic characterization of plant mating system, In: Brown A H D,

Clegg M T, Kahler A L, et al (eds). Plant population genatics, breeding, and genetic resources [M]. USA: Sinauer Associate Inc, 1989, 145-162.

[30] Buttrose M S, Grant W J R, Lott J N A. Reversible curvature of style branches of *Hibiscus trionum* L., a pollination mechanism [J]. Australian Journal of Botany, 1986, 25: 567-570.

[31] Campbell D R, Halama K J. Resource and pollen limitations to lifetime seed production in a natural plant population [J]. Ecology, 1993, 74: 1043-1051.

[32] Campbell D R. Interpopulational variation in fruit production: the role of pollination-limitation in the Olympic Mountains [J]. American Journal of Botany, 1987, 74: 269-273.

[33] Charlesworth B, Charlesworth D. The genetic basis of inbreeding depression [J]. Genetics Research, 1999, 74: 329-340.

[34] Charlesworth D, Charlesworth B. Inbreeding depression and its evolutionary consequences [J]. Annual Review of Ecology and Systematics, 1987, 18: 237-268.

[35] Chopra R N, Agarwal S. Some further observations on the endosperm haustoria in the Cucurbitaceae [J]. Phytomorphology, 1958, 8: 194-201.

[36] Coen E S, Meyerowitz E M. The war of the whorls: Genetic interactions controlling flower development a) [J]. Nature, 1991, 353: 31-37.

[37] Cope F W. Incompatibility in Theobroma cacao [J]. Nature, 1958, 181: 279.

[38] Cope F W. The mechanism of pollen incompatibility in *Theobroma cacao* [J]. Heredity, 1962, 17: 157-182.

[39] Correia M C R, Pinheiro M C B, de Lima H A. Biologia floral e poliniza çã o de *Anemopaegma chamberlaynii* Bur. & K. Schum. (Bignoniaceae) [J]. Lundiana, 2006, 7: 39-46.

[40] Cruden R W. Pollen-Ovule rations: A conservative indicator of breeding systems in flowering plants [J]. Evolution, 1977, 31: 32-36.

[41] Dafni A. Pollination Ecology: A practical approach [M]. New York: Oxford Univ Press, 1992.

[42] Darwin C. The effects of cross and self-fertilization in the vegetable kingdom [M]. London: John Murray, 1876: 471-482.

[43] David R S, John L B, Elliot M M. Early flower development in Arabidopsis [J]. The Plant Cell, 1990, 2: 755-767.

[44] Davis G L. Systematic embryology of the angiosperms [M]. New York: John Wiley&Sons Inc. 1966.

[45] de Nettancourt D. Incompatibility in angiosperms [M]. New York: Berlin, Heidelberg, Springer-Verlag. 1977.

[46] Deborah C, Xavier V. Vincent C, et al. Plantself-incompatibility systems: a molecular evolutionary per-spective [J]. New Phytologist, 2005, 168 (1): 61.

[47] Dixit R, Nasrallah J B. Recognizing self in the self-incompatibility response [J]. Plant Physiol, 2001, 125: 105-108.

[48] Dumas C, Knox R B, McConchie C A, et al. Emerging physiological concepts in fertilization [J]. What's new in plant physiology, 1984, 15: 17-20.

[49] Dute R R, Peterson C M. Early endosperm development in ovules of soybean, *Glycine max* L. Merr. (Fabaceae) [J]. Ann Bot, 1992, 69: 263-271.

[50] East E M. The distribution of self-sterility in flowering plants [J]. Proc Am Phil Soc, 1940, 82: 449-518.

[51] Faegri K, Van der Pijl L. The principles of pollination ecology, 3rd ed [M]. Oxford: Pergamon Press, 1979.

[52] Faure J E, Digonnet C, Dumas C. An in vitro system for adhesion and fusion of maize gametes [J]. Science, 1994, 263: 1598-1600.

[53] Fetscher A E, Kohn J R. Stigma behavior in Mimulus aurantiacus (Scrophulariaceae). American Journal of Botany [J]. 1999a, 86: 1130-1135.

[54] Fetscher A E. Evolutionary significance of stigma closure in bush *monkeyflower* [D]. PhD dissertation, University of California, 1999b.

[55] Frankie G W, Haber W A. Why bees move among mass-flowering neotropical trees, In: Jones C E, Little R J (eds), Handbook of Experimental Pollination Biology [M]. USA: Scientific and Academic Editions, 1983, 360-372.

[56] Franklin-Tong V E, Ride J P. Recombinant stigmatic self-incompatibility (S-) protein elicits a $Ca^{2+}$ transient in pollen of *Papaver rhoeas* [J]. Plant J, 1995, 8: 299-307.

[57] Fuller H J, Hanley J H. Fatigue, Summation, and daily variation of irritability in sensitive stigma [J]. Botanical Gazette, 1938, 99: 877-880.

[58] Ganders, F R. The biology of heterostyly [J]. New Zealand Journal of Botany, 1979, 17: 607-635.

[59] Gentry A H. Coevolutionary patterns in Central American Bignoniaceae [J]. Annals of the Missouri Botanical Garden, 1974, 61: 728-759.

[60] Gibbs P E, Bianchi M B. Does late-acting self-incompatib ility (LSI) show family clustering? two more species of bignoniaceae with LSI: *Dolichandra cynanchoides* and *Tabebuia nodosa* [J]. Ann Bot, 1999, 84: 449-457.

[61] Gibbs P E. Do homomorphic and heteromorphic self-incompatibities have the same sporophytic mechanism? [J]. Plant systematics and evolution, 1986, 154: 285-323.

[62] Govindapp D A, Girijamma S, Swamy S N R. Contribution to the Embryology of *Lindernia Hyssopioides* (L.) Haines [J]. Proc Indian Acad Sci (Plant Sci), 1970, 10: 221-235.

[63] Govindu H C. study in the embryology of some members of the Bignoniaceae [J]. proceedings: Plant science. 1950, 32: 164-178.

[64] Gowda K, Nagaraj M. Embryological Studies in Mecardonia procumbens (Miller) small [J]. Proe Indian Acad Sci (Plant Sci), 1983, 92: 5-18.

[65] Grant V, Grant K A. Flower Pollination in the Phlox Family [M]. New York: Columbia University Press, 1965.

[66] Grant V. Plant Speciation (2nd ed) [M]. New York: Columbia University Press, 1981: 57-63.

[67] Hamrick J L, Godt M J W. Allozyme diversity in plant species. In: Brown A H D et al. (eds). Plant population genatics, breeding, and genetic resources, Sunderland: Sinauer Associate. Inc. 1990, 43-63.

[68] Haring V, Grey JE, McClure BA, et al. Self-incompatibility: a self-recognition system in plants [J]. Science, 1990, 250: 937-941.

[69] Harrison H J. Incompatibility and the pollen-stigma interaction [J]. Annu Rev Plant Phys, 1975, 26: 403-425.

[70] Heywood V H (柯植芬译). Phytotaxonomica [M]. Beijing: Science Press, 1979.

[71] Holsinger K E. Reproductive systems and evolution in *vascular* plants [J]. Proceedings of the National Academy of Sciences of the United States, 2000, 97: 7037-7042.

[72] Huang B Q, Russell S D. Female germ unit: organization, isolation and function [J]. Int Rev Cytol, 1992, 140: 233-293.

[73] Husband B C, Schemske D W. Evolution of the magnitude and timing of inbreeding depression in plants [J]. Evolution, 1996, 50: 54-70.

[74] Husband B C, Schemske D W. Magnitude and timing of inbreeding depression in a diploid population of *Epilobium angustifolium* (Onagraceae) [J]. Heredity, 1995, 75: 206-215.

[75] Ishii J, Kadono Y. Factors influencing seed production of *Phragmites australis* [J]. Aquatic Botany, 2002, 72 (2): 129-141.

[76] Jacob V J. Pollination fruit setting and incompatibility in Cola nitida [J]. Incompatibility Newsletter, 1980, 12: 50-56.

[77] Jain S K. The evolution of inbreeding in plants [J]. Ann Rew Ecol Syst, 1976, 7: 469-495.

[78] Janzen, D H. Why bamboos wait so long to flower [J]. Ann Rev Ecol Syst, 1976, 7: 347-391.

[79] Jensen W A. Cotton embryogenesis: The zygote [J]. Planta, 1968, 79: 346-366.

[80] Johansen D A. Plant embryology: Chronica botanica [M]. Massachusetts: Waltham Press, 1950.

[81] Johnston M O. Pollen limitation of female reproductionin *Lobelia cardirtalis* and *L. siphilitica* [J]. Ecology, 1991, 72: 1500-1503.

[82] Kennington W J, James S H. The effect of small population size on the mating system of a rare mallee, *Eucalyptus argutifolia* (Myrtaceae) [J]. Heredity, 1997, 78:

252-260.

[83] Kenrick J, Kaul V, Williams E G. Self-incompatibility in *Acacia retinodes*: Site of pollen-tube arrest is the nucellus [J]. Planta, 1986, 169: 245-250.

[84] Klekowski E J. Mutation, developmental selection, and plant evolution [M]. New York: Columbia University Press, 1988, 319-373.

[85] Klips R A, Snow A A. Delayed autonomous self-pollination in *Hibiscus laevis* (Malvaceae) [J]. Amer J Bot, 1997, 84: 48-53.

[86] Knight R, Rogers H H. Incompatibility in *Theobroma cacao* [J]. Heredity, 1955, 9: 69-77.

[87] Knight T M, Steets J A, Ashman T L. A quantitative synthesis of pollen supplementation experiments highlights the contribution of resource reallocation to estimates of pollen limitation [J]. American Journal of Botany, 2006, 93: 271-277.

[88] Kochmer J P, Handel S N. Constraints and competition in the evolution of flowering phenology [J]. Ecol Monogr, 1986, 56: 303-325.

[89] Kranz E, Bautor J, Lorz H. In vitro fertilization of single, isolated gametes of maize mediated by electrofusion [J]. Sex Plant Reprod, 1991, 4: 12-16.

[90] Kranz E, Lorz H. In vitro fertilization with isolated, single gametes results in zytogic embroygenesis and fertile maize plant [J]. Plant Cell, 1993, 5: 739-746.

[91] Krichevsky A, Kozlovsky S V, Tian G W, et al. How pollen tubes grow [J]. Developmental Biology, 2007, 303: 405-420.

[92] Label P, Imbault N. ELISA quantitaion and GC-MS identification of abscisic acid in stigma, ovary and pedicel of pollinated poplar flowers (*Populus nigra* L.) [J]. Tree Physiology, 1994, 14: 521-530.

[93] Lang A. Physiology of flowering [J]. Annual Review of Plant Physiology, 1952, 3: 265-306.

[94] Larsen K. Self-incompatibility in *Beta vulgaris* L. I. Four gametophytic complementary S-loci in sugar beet [J]. Hereditas, 1977, 85: 227-248.

[95] Laser K D, Lersten N R. Anatomy and cytology of microsporogenesis in cytoplasmic male sterile angiosperrms [J]. Bot Rev, 1972, 38: 425-454.

[96] Li Q J, Xu Z F, Kresst W J, et al. Flexible style that encourages outcrssing [J]. Nature, 2001, 410: 432.

[97] Liedl B E, McCormick S, Mutschler MA. Unilateral incongruity in crosses involving Lycopersicon pennellii and L. esculentum is distinct from self-incompatibility inexpression, timing and location [J]. Sex Plant Repord, 1996, 9: 299-308.

[98] Lipow S R, Wyatt R. Single gene control of post-zygotic self-incompatibility in poke milkweed, *Asclepias exaltata* L [J]. Genetics, 2000, 154: 893-907.

[99] Lundqvist A, Sterbye U, Larsen K, et al. Complex self-ineompatibility systems in *Ranunculus acrin* L. and *Beta vulgzzris* L. [J]. Hereditas, 1973, 74: 16-168.

[100] Maheshwari P. An introduction to the embryology of angiosperms [M]. New York: McGraw-Hill, 1950.

[101] Maletsky S I, Weisman N J. A Population genetics analysis of self- and cross-incompatibility in sugar beet [J]. Theoret Appl Genet, 1978, 52: 21-28.

[102] Mauritzon J. Uber die Embryologie der Familie Rutaceae [J]. Svensk bot, 1935, 29: 319-47.

[103] Mogensen H L. The male germ unit: concept, composition, and significance [J]. Int Rev Cytol, 1992, 140: 129-147.

[104] Naarborg A T, Willemse M T M. The ovular incompatibility system in *Gasteria verrucosa* (Mill.) H. Duval [J]. Euphytica, 1991, 58: 231-240.

[105] Nawashin S. Resultate einer Revision der Befruchtungsvorgange bei Lilium martagon und Fritillaria tenella [J]. Bull Acad Imp Sci St Petersburg, 1898, 9: 377-382.

[106] Ollerton J, Lack A. Relationships between flowering phenology, plant size and reproductive success in shape *Lotus corniculatus* (Fabaceae) [J]. Plant Ecology, 1998, 139: 35-47.

[107] Pacini E, Franchi G G, Hesse M. The tapetum: its form, function and possible phylogeny in embryophyta [J]. Plant Systematics and Evolution, 1985, 149: 155-185.

[108] Philipson W R. Some observation on the apical meristems of leafy and flowering shoots [J]. Linn Sco Bot, 1947, 53: 187-193.

[109] Pinheiro P M, Carvalho A T, Kevan P G, at el. Permanent stigma closure in Bignoniaceae: Mechanism and implications for fruit set in self-incompatible species [J]. Flora, 2009, 204: 82-88.

[110] Pinto C E, Oliveira R, Schlindwein C. Do consecutive flower visits within a crown diminish fruit set in mass-flowering *Hancornia speciosa* (Apocynaceae) [J]. Plant Biol, 2008, 10: 408-412.

[111] Proctor M, Yeo P, Lack A. The natural history of pollination [M]. London: Harper Collins, 1996.

[112] Quiros C F. Exine pattern of a hybrid between *Lycopersicon esculentum* and *Solanum pennelli* [J]. J Hered, 1975, 66: 45-47.

[113] Real L. Pollination biology [M]. Florida: Academic Press, 1983.

[114] Richardson S C. Benefits and costs of floral visitors to *Chilopsis linearis*: Pollen deposition and stigma closure [J]. Oikos, 2004, 107: 363-375.

[115] Rodkiewicz B. Callose in cell walls during megasporogenesis in angiosperms [J]. Planta, 1970, 93: 39-47.

[116] Ruan C J, Qin P, He Z X. Delayed autonomous selfing in *Kosteletzkya virginica* (Malvaceae) [J]. South African Journal of Botany, 2004, 70: 640-645.

[117] Russell S D, Cass D D. Ultrastructure of the sperms of *Plumbago zeylanica* I. Cytolo-

gy and association with the vegetative nucleus [J]. Protoplasma, 1981, 107: 85-107.

[118] Sage T L, Bertin R J, Williams E G. Ovarian and other late-acting self-incompatibility systems. In: Genetic control of self-incompatibility and reproductive development in flowering plants. Kluwer Academic, Dord-recht. 1994, 116-140.

[119] Sage T L, Price M V, Waser N M. Self-sterility in *Ipomopsis aggregata* (Polemoniaceae) is due to pre-zygotic ovule degeneration [J]. Amer J Bot, 2006, 93: 254-262.

[120] Sage T L, Sampson F B. Evidence for ovarian self-incompatibility as a cause of self-sterility in the relictual woody angiosperm, *Pseudowintera axillaris* (Winteraceae) [J]. Ann Bot, 2003, 91: 807-816.

[121] Sage T L, Strumas F, Cole W W, et al. Differential ovule development following self- and cross-pollination: The basis of self-sterility in Narcissus triandrus (Amaryllidaceae) [J]. Am J Bot, 1999, 86: 855-870.

[122] Sato Y, Kurihara A, Abe K, et al. Mode of self-compatibility inheritance in Japanese pear [J]. Jen Soc Hort Sci, 1988, Suppl (2): 76-77.

[123] Savitsky H. A method of determining Self-fetility and self-sterility in sugar beets, based upon the stage of ovule development shortly after flowering [J]. Suagr beet Technol, 1950, 1: 198-201.

[124] Schulz R, Jensen W A. Capsella Embryogenesis: The egg, zygote, and young embryo [J]. American Journal of Botany, 1968, 55: 807-819.

[125] Sears E R. Cytological phenomena connected with self-sterility in the flowering plants [J]. Genetics, 1937, 22: 130-181.

[126] Seavey S R, Bawa K S. Late-acting self-incompatibility in angiosperms [J]. Bot Rev, 1986, 52: 195-219.

[127] Silva N F. Goring D R, Mechanisms of self-incom-patibility in flowering plants, CMLS [J]. Cell Mol Life Sci, 2001, 58: 1988-2007.

[128] Soueges R. Embryogenie des Bignoniacees. Developpement de l'embryon chez le Catalpa kaempferi [J]. Cr Acad Sci, 1940, 210: 116-118.

[129] Stebbins G L. Adaptive radiation of reproductive characteristics in angiosperms, I: Pollination Mechanisms [J]. Annu Rev of Ecol and Syst, 1970, 1: 307-326.

[130] Stevens J P, Bougourd SM. Inbreeding depression and the outcrossing rate in natural populations of *Allium schoenoprasum* L. (wild chives) [J]. Heredity, 1988, 60: 257-261.

[131] Takayama S, Isogai A. Self-incompatibility in plants [J]. Annual Review of Plant Biology, 2005, 56: 467-489.

[132] Uyenoya M K. A Porspeetus for new developments in the evolutionyary Theory of selfineom Patibility [J]. Annales Botnaiei, 2000, 85: 247-252.

[133] Valtuena F J, Rodríguez-Riano T, Espinosa F, et al. Self-sterility in two *Cytisus* species (Leguminosae, Papilionoideae) due to early-acting inbreeding depression [J]. American Journal of Botany, 2010, 97: 123-135.
[134] Wagner V T, Cresti M, Tiezzi A, et al. Changes in volume, surface area, and frequency of nuclear pores of the vegetative nucleus of tobacco pollen in fresh, hydrated, and activated conditions [J]. Planta, 1990, 181: 304-309.
[135] Webb C J, Lloyd D G. The avoidance of interference between the presentation of pollen and stigmas in angiosperms I. Dichogamy [J]. New Zealand Journal of Botany, 1986. 24: 163-178.
[136] Williams E G, Kaul V, Rouse J L, et al. Overgrowth of pollen tubes in embryo sacs of *Rhododendron* following interspecific pollinations [J]. Australian Journal of Botany, 1986, 34: 413-423.
[137] Williams E G, Knox R B, Kaul V, et al. Post-pollination callose development in ovules of *Rhododendron* and *Ledum* (Ericaceae): zygote special wall [J]. Journal of cell science, 1984, 69: 127-135.
[138] Worrall D, Hird D L, Hodge R. et al. Premature dissolution of the microsporocyte callose wall cause male sterility in transgenic tobacco [J]. Plant Cell, 1992, 4: 759-771.
[139] Yang S X, Yang C F, Zhang T, at el. A mechanism facilitates pollination due to stigma behaviour in *Campsis radicans* (Bignoniaceae) [J]. Acta Botanica Sinica, 2004, 46: 1071-1074.
[140] Zimmerman M, Gross R S. The relationship between flowering phenology and seed set in an herbaceous perennial plant, Polemonium foliosissimum Gray [J]. Am Midland Nat, 1984, 111: 185-191.
[141] Zimmerman M, Pyke G H. Reproduction in Polmonium: assessing the factors limiting seed set [J]. The American Naturalist, 1988a, 131: 723-738.
[142] Zimmerman, M. Nectar production, flowering phenology, and strategies for pollination. In: Lovett-Doust, J, Lovett-Doust L. (eds), Plant Reproductive Ecology, Patternsand Strategies [M]. New York: Oxford University Press, 1988b: 157-178.
[143] 曹慧娟. 植物学 [M]. 北京：中国林业出版社，1989.
[144] 曹静，胡海波，崔志华，等. 连云港云台山国家森林公园 SWOT 分析与发展战略 [J]. 中国城市林业，2011，9：40-42.
[145] 曾华金，秦云霞，刘志昕，等. 西番莲双受精过程的细胞学观察 [J]. 植物研究，2003，23：407-410.
[146] 陈机. 植物发育解剖学（上册）[M]. 济南：山东大学出版社，1992.
[147] 陈机. 植物发育解剖学（下册）[M]. 济南：山东大学出版社，1996.
[148] 陈家宽，杨继. 植物进化生物学 [M]. 武汉：武汉大学出版社，1994.
[149] 陈旭辉，江莎，古松，等. 黄金树花器官发生及发育的形态观察 [J]. 园艺学

报，2009，36：285-290.
[150] 陈祖铿. 植物的生殖讲座（八）——植物生殖生物学研究进展［J］. 生物学通报，1996，31：29-31.
[151] 樊庆颖. 大车前（*Plantago major* L.）胚乳发育的超微结构研究［D］. 哈尔滨师范大学硕士论文，2010.
[152] 樊汝汶，黄金生. 梓树属两个种花柱发育的细胞形态学比较研究［J］. 南京林业大学学报，1988，(3)：33-38.
[153] 樊汝汶，吴琼美，邹惠渝. 滇楸 *Catalpa fargesii* f. *duc1ouxii*（Dode）Gilmour 的胚胎学研究［J］. 南京林业大学学报（自然科学版），1980，(2)：67-79.
[154] 樊汝汶. 梓树（Catalpa ovata）胚胎发育的研究［J］. 南京林业大学学报（自然科学版），1981，(4)：64 -74.
[155] 方炎明. 植物生殖生态学［M］. 济南：山东大学出版社，1996.
[156] 葛丽丽，田惠桥. 被子植物受精机制的研究进展［J］. 植物生理与分子生物学学报，2006，32：271-279.
[157] 葛全胜，戴君虎，郑景云. 物候学研究进展及中国现代物候学面临的挑战［J］. 中国科学院院刊，2010，25：310-316.
[158] 郭从俭，钱士金，王连卿，等. 楸树栽培［M］. 北京：中国林业出版社，1988.
[159] 郭从俭，张新胜，张万钦，等. 楸树无性系测定报告［J］. 河南林业科技，1994，(4)：9-10.
[160] 郭艳玲，刘招龙，张绍铃. 新高及爱宕梨雄性不育特性及其败育的细胞学研究［J］. 果树学报，2007，24：433-437.
[161] 郭友好，黄双全，陈家宽. 水生被子植物的繁育系统与进化［J］. 水生生物学报，1998，22：79-85.
[162] 国务院. 国家重点保护野生植物名录（第一批）. 植物杂志，1999，151：4-11.
[163] 郝明灼，彭方仁，王改萍，等. 楸树人工杂交授粉试验及种实分析［J］. 南京林业大学学报（自然科学版），2008，32：131-134.
[164] 郝祎祺，赵鑫峰. 被子植物早期近交衰退与晚期自交不亲和［J］. 生物多样性，2011，19：106-112.
[165] 何田华，饶广远，尤瑞麟. 濒危植物木根麦冬的胚胎学研究［J］. 植物分类学报，1998，36：305-309.
[166] 何亚平，刘建全. 植物繁育系统研究的最新进展和评述［J］. 植物生态学报，2003，27：151-163.
[167] 胡尔良. 种子活力下降原因探析［J］. 种子，2001，(6)：44-45.
[168] 胡国富，李凤兰，肖志刚，等. 杏落花落果生殖生物学研究［J］. 东北农业大学学报，2005，36：181-185.
[169] 胡适宜，杨弘远. 被子植物受精生物学［M］. 北京：科学出版社，2002.
[170] 胡适宜，杨弘远. 植物胚胎学和有性生殖研究现状及展望［M］. 北京：中国林业出版社，1994.

[171] 胡适宜. 被子植物生殖生物学［M］. 北京：高等教育出版社，2005.
[172] 胡适宜. 被子植物双受精发现100年回顾与展望［J］. 植物学报，1998，40：1-13.
[173] 胡适宜. 植物胚胎学实验方法（五）——检查花粉在柱头上萌发和花粉管在花柱中生长的制片法［J］. 植物学通报，1994，11：58-60.
[174] 黄坚钦，周坚，樊汝汶. 中国鹅掌楸双受精和胚胎发生的细胞形态学观察［J］. 植物学通报，1995，12：45-47.
[175] 蓝兴国，于晓敏，李玉花. 配子体自交不亲和信号转导的研究进展［J］. 遗传，2005，27：677-685.
[176] 李贵生，孟征，孔宏智，等. ABC模型与花进化研究［J］. 科学通报，2003，23：2415-2421.
[177] 李瑾. 桂花花芽分化的研究［D］. 河南大学硕士论文，2007.
[178] 李庆军，许再富，夏永梅，等. 山姜属植物花柱卷曲性传粉机制的研究［J］. 植物学报，2001，43：364-369.
[179] 李隐生，黄郊，霍天喜. 杏花芽分化观察［J］. 园艺学报，1986，13（1）：68-70.
[180] K．伊稍. 种子植物解剖学［M］. 李正理，译．上海：上海人民出版社，1973.
[181] 李正理. 植物制片技术［M］. 2版. 北京：科学出版社，1987.
[182] 李周岐，王章荣. 鹅掌楸属种间杂交可配性与杂种优势的早期表现［J］南京林业大学学报（自然科学版），2001，25（2）：34-38.
[183] 刘林德，王仲礼，田国伟，等. 刺五加大、小孢子发生和雌雄配子体发育的观察［J］. 植物分类学报，1998a，36：289-295.
[184] 刘林德，王仲礼，田国伟，等. 刺五加开花后雌蕊的发育状态与受精作用［J］. 植物分类学报，1998b，36：111-118.
[185] 刘林德，王仲礼，田国伟，等. 刺五加胚和胚乳发育的研究［J］. 植物分类学报，1998c，36：298-304.
[186] 刘珠琴. 罂粟科植物自交不亲和反应中信号转导的研究进展［J］. 生命科学研究，2010，14：172-176.
[187] 吕政恒. 甜菜自交不亲和性识别机制的初步研究［D］. 哈尔滨工业大学，2010.
[188] 孟金陵. 植物生殖遗传学［M］. 北京：科学出版社，1995.
[189] 牛俊海，鲁晓民，汤继华，等. 禾本科植物自交不亲和性及其分子生物学研究进展［J］. 分子植物育种，2006，4：269-274.
[190] 潘开玉，温洁，罗毅波，等. 矮牡丹小孢子发生和雄配子体发育及其与该种濒危的关系［J］. 植物分类学报，1999，37：244-252.
[191] 潘庆凯，康平生，郭明. 楸树［M］. 北京：中国林业出版社，1991.
[192] 潘跃芝，龚洵，梁汉兴. 濒危植物红花木莲小孢子发生及雄配子体发育的研究［J］. 云南植物研究，2001，23：85-90.
[193] 潘跃芝，龚洵，梁汉兴. 濒危植物香木莲的胚胎学研究［J］. 武汉植物学研究，

2003，21：1-8.

［194］乔勇进，夏阳，梁慧敏，等. 试论楸树的生物生态学特性及发展前景［J］. 防护林科技，2003，（4）：23-24.

［195］邱义兰，郑茂钟，田惠桥. 离体受精作为技术平台在被子植物有性生殖研究中的应用［J］. 热带亚热带植物学报，2003，11：290-296.

［196］阮成江，姜国斌. 雌雄异位和花部行为适应意义的研究进展［J］. 植物生态报，2006，30：210-220.

［197］邵明丽，郑芳，胡林坡. 楸树良种特性及繁殖技术［J］. 安徽农学通报，2006，12：138.

［198］申家恒，李伟，杨虹，等. 辣椒大、小孢子发生与雌、雄配子体发育的研究［J］. 园艺学报，2007，34：1443-1452.

［199］申书兴. 植物倍性间杂种胚败育的原因及克服方法［J］. 农牧情报研究，1989，（7）：23-28.

［200］石雅琴，乌兰娜. 浅谈园林植物物候期观察的重要性和方法［J］. 内蒙古林业调查设计，2009，32：69-70.

［201］孙成功. 云台山的楸树资源及发展意见［J］. 江苏林业科技，1982，（2）：33-36.

［202］孙蒙祥，杨弘远. 我国被子植物体外受精研究——十年回顾［J］. 植物学报（英文版），2002，44：1011-1021.

［203］唐源江，叶秀麟，曾庆文，等. 观光木的大孢子发生与雌配子体形成［J］. 热带亚热带植物学报，2003，11：20-22.

［204］宛敏渭，刘秀珍. 中国物候观测方法［M］. 北京：科学出版社，1979.

［205］王保明，丁改秀，童德中，等. 仁用杏雌性生殖器官败育研究［J］. 山西农业科学，2000，28：57-61.

［206］王彩云，高莉萍，鲁涤非，等. “厚瓣金桂” 桂花花芽形态分化的研究［J］. 园艺学报，2002. 29（1）：52-56.

［207］王崇云，党承林. 植物的交配系统及其进化机制与种群适应［J］. 武汉植物学研究，1999，17：163-172.

［208］王改萍，徐涛，尚杨娟，等. 几种不同楸树花粉萌发率的测定及花粉超低温保存方法［J］. 南京林业大学学报，2008，32：123-126.

［209］王改萍，杨红宁，倪果果，等. 楸树等 4 种梓属树种花粉离体培养条件的研究［J］. 植物资源与环境学报，2009，18：34-42.

［210］王利琳，胡江琴，庞基良. 凹叶厚朴大、小孢子发生和雌、雄配子体发育的研究［J］. 实验生物学报，2005，38：490-500.

［211］王苏珂，王军辉，张守攻，等. 楸树不同交配组合种子发芽特性的研究［J］. 林业科学研究，2008，21：275-278.

［212］王文采. 中国植物志［M］. 北京：科学出版社，1959，69：16-17.

［213］王小艳，赵鲲，赵牧峰，等. 楸树杂交育种初报［J］. 河南林业科技，2008，

28：16-18.
[214] 王晓燕，高荣岐，董树亭. 玉米胚乳发育研究进展 [J]. 中国农学通报，2005，21：107-109.
[215] 王新建，张秋娟，方芳，等. 楸树新品种——豫楸 1 号研究 [J]. 河南林业科技，2005，25：4-5.
[216] 王亚玲，张寿洲. 香港木兰小孢子发生及雄配子体发育的研究 [J]. 武汉植物学研究，2008，26：547-553.
[217] 王中仁. 植物等位酶分析 [M]. 北京：科学出版社，1996.
[218] 王仲礼，刘林德，方炎明. 柽柳胚和胚乳发育的观察 [J]. 植物研究，2006，26：63-69.
[219] 王仲礼，刘林德，田国伟，等. 短柄五加大、小孢子发生和雌雄配子体发育的研究 [J]. 植物研究，1998a，18：177-183.
[220] 王仲礼，刘林德，田国伟，等. 短柄五加开花后雌蕊的发育状态与受精作用的研究 [J]. 植物学报，1998b，40：309-315.
[221] 王仲礼，刘林德，田国伟，等. 短柄五加胚和胚乳发育的研究 [J]. 植物研究，1999，19：40-47.
[222] 魏晓慧. 风箱果繁育特性及繁殖体系研究 [J]. 东北林业大学，2006.
[223] 吴邦良，夏春森，赵宗方，等. 果树开花结果生理和调控技术 [M]. 上海：上海科学技术出版社，1995.
[224] 吴华清，张绍铃，李晓，等. 植物自交不亲和性的分子生物学进展 [J]. 南京农业大学学报，2006，29：119-126.
[225] 吴莉英，唐前瑞，尹恒，等. 观赏植物花芽分化研究进展 [J]. 生物技术通报，2007，18：1064-1067.
[226] 吴彦琼，黎向东，胡玉佳，等. 蒜头果生殖生物学特性研究 [J]. 中山大学学报（自然科学版），2004，43：81-83.
[227] 肖宜安，曾建军，李晓红，等. 濒危植物长柄双花木自然种群结实的花粉和资源限制 [J]. 生态学报，2006，26：496-502.
[228] 谢成章. 被子植物形态学 [M]. 武汉：湖北科学技术出版社，1984.
[229] 徐雨晴，陆佩玲，于强. 气候变化对植物物候影响的研究进展 [J]. 资源科学，2004，26：129-136.
[230] 许智宏，刘春明. 植物发育的分子机理 [M]. 北京：科学出版社，1997.
[231] 许智宏. 植物发育与生殖的研究进展和展望 [J]. 植物学报，1999，41：909-920.
[232] 薛勇彪，孟金陵. 高等植物自交不亲和性的分子生物学 [J]. 生物工程进展，1995，15：32-42.
[233] 杨弘远，周嫦. 植物有性生殖实验研究四十年 [M]. 武汉：武汉大学出版社，2001.
[234] 杨弘远. 被子植物受精生物学 [M]. 北京：科学出版社，2002.

[235] 杨捷频. 常规石蜡切片方法的改良 [J]. 生物学杂志，2006，23：45-46.
[236] 杨琴军，黄燕文，李和平. 桂花胚和胚乳发育过程的研究 [J]. 华中农业大学学报，2003，22：175-178.
[237] 杨玉珍，王顺财，彭方仁. 我国楸树研究现状及开发利用策略 [J]. 林业科技开发，2006，20：4-7.
[238] 叶培忠，刘玉莲. 促进楸树结实的研究 [J]. 南京林业大学学报（自然科学版），1980，1：116-121.
[239] 尹增芳，樊汝汶. 中国鹅掌楸与北美鹅掌楸种间杂交的胚胎学研究 [J]. 林业科学研究，1995，8：605-610.
[240] 尹增芳，樊汝汶. 鹅掌楸花粉败育过程的超微结构观察 [J]. 植物资源与环境，1997，6：1-7.
[241] 尹增芳，樊汝汶. 中国鹅掌楸小孢子发生的细胞化学研究 [J]. 植物学通报，1998，15：34-37.
[242] 于卓，孙祥. 羊柴（*Hedysarum Laeve Marim*）种子发芽率低的原因分析 [J]. 种子，1993，(3)：12-15.
[243] 余象煜，李平，何福基，等. 杉木败育种子及其涩粒物质的研究 [J]. 西北植物学报，1989，9：252-255.
[244] 张大勇. 植物生活史进化与繁殖生态学 [M]. 北京：科学出版社，2004.
[245] 张福春. 物候 [M]. 北京：气象出版社，1985.
[246] 张桂玲，王超，温四民. 甘蓝自交不亲和性的快速测定 [J]. 东北农业大学学报，2003，34 (2)：142-147.
[247] 张国良，张林平，郭艳秋，等. 极早熟品种骆驼黄杏花芽分化观察 [J]. 河北林果研究，2000，(3)：249-251.
[248] 张晖. 水稻胚乳研究进展 [J]. 现代农业科技. 2008，22：162-164.
[249] 张寿洲，潘开玉，张大明，等. 矮牡丹小孢子母细胞减数分裂异常现象的观察 [J]. 植物学报，1997，39：397-404.
[250] 张姝媛. 丁香属两种植物花芽分化形态发育及其生理基础的研究 [D]. 内蒙古农业大学硕士学位论文，2008.
[251] 张卫东. 羊草生殖生物学研究 [D]. 中国科学院研究生院博士学位论文，2004.
[252] 赵卓，刘国东，刘克文，等. 昆虫与植物协同演化关系的研究概况 [J]. 吉林师范大学学报（自然科学版），2004，(3)：4-7.
[253] 郑华萍，金巧玲，许陆嫣，等. 种子活力下降原因探析及对策措施 [J]. 上海农业科技，2009，(2)：125.
[254] 中国树木志编委会. 中国主要树种造林技术 [M]. 北京：中国林业出版，1981，584-590.
[255] 钟章成. 植物种群的繁殖对策 [J]. 生态学杂志，1995，14：37-42.
[256] 周世良，洪德元. 传粉生物学的最新进展和发展趋势 [M]. 见：李承森. 植物学进展（第一卷），北京：高等教育出版社，1998.

[257] 周元，孙卫邦，李从仁. 三棱栎种子萌发特性初探 [J]. 武汉植物学研究，2003，21：73-76.
[258] 周云龙. 植物生物学 [M]. 2版. 北京：高等教育出版社，2004.